湖南古生物研究进展丛书

湖南古生物研究进展
——寒武系

湖南省地质博物馆◎组织编写

童光辉　刘立　王文哲　蔡杏琳　李光◎编著

中南大学出版社
www.csupress.com.cn
长沙

图书在版编目(CIP)数据

湖南古生物研究进展. 寒武系／童光辉等编著. —长沙：中南大学出版社，2023.3

ISBN 978-7-5487-5292-9

Ⅰ. ①湖… Ⅱ. ①童… Ⅲ. ①寒武纪—古生物—研究—湖南 Ⅳ. ①Q911.726.4

中国版本图书馆 CIP 数据核字(2023)第 036606 号

湖南古生物研究进展——寒武系

HUNAN GUSHENGWU YANJIU JINZHAN——HANWUXI

童光辉　刘立　王文哲　蔡杏琳　李光　编著

湖南省地质博物馆　组织编写

□出 版 人　吴湘华

□责任编辑　伍华进

□责任印制　李月腾

□出版发行　中南大学出版社

社址：长沙市麓山南路　　邮编：410083

发行科电话：0731-88876770　　传真：0731-88710482

□印　　装　湖南鑫成印刷有限公司

□开　　本　710 mm×1000 mm　1/16　□印张 3.25　□字数 62 千字

□版　　次　2023 年 3 月第 1 版　□印次 2023 年 3 月第 1 次印刷

□书　　号　ISBN 978-7-5487-5292-9

□定　　价　80.00 元

内容简介

湖南的寒武系发育完整，出露广泛，横向变化很大，可分为属华北区系的湘西北区、属东南区系江南型的湘中区和珠江型的湘南区以及介于华北区系和东南区系之间过渡型的武陵山过渡区，是研究我国寒武系地层极为重要的地区之一。

本书在搜集整理大量文献的基础上，总结了湖南的寒武系岩石地层特征、寒武系古生物研究历史，并综述了十余年来以湖南产出的古生物化石作为研究材料发表的研究成果，重点介绍了新建立的属种以及作为建立新属种依据的模式标本。本书可供区域地质、古生物学研究以及古生物化石保护管理和地学科普等领域的研究、管理和工作人员参考使用。

前　言

湖南的寒武系地层发育完整、出露广泛、沉积相多样，是我国研究早期生命演化极为重要的地区之一。20 世纪 40—80 年代，田奇瓗、林焕令等老一辈地质工作者在从事湖南区域地层划分对比工作时，采集了大量的古生物化石标本并开展了大量古生物基础研究。这些古生物化石标本部分收藏在湖南省地质博物馆，至今仍向公众展出，成为普及湖南地学知识的重要载体。自 20 世纪 90 年代以来，随着国内古生物学研究基本完成应用于地层划分对比的历史使命，转变为生命起源与演化的基础研究，湖南省内的古生物研究工作就几乎处于断层状态。然而，省外的高校和科研院所在湖南的研究却一直持续，并不断有重大研究成果产出。

随着 2011 年《古生物化石保护条例》的实施，古生物化石的保护管理成为自然资源主管部门的重要职能职责之一，湖南省自然资源厅也适时成立了湖南省地质遗迹(古生物化石)专家委员会，并将专家委员会办公室设在湖南省地质博物馆，负责为湖南的古生物化石保护管理工作提供专业技术支撑。本书的编写正是湖南省地质博物馆开展湖南古生物化石保护的重要工作内容之一。

本书在全面搜集整理公开发表文献的基础上，系统总结了近年来以湖南地区产出的古生物化石作为研究材料的科研成果，重点介绍了新建立的古生物属种和模式标本，既可作为地层古生物研究人员的综述性参考文献，也可以为湖南古生物化石的保护管理和古生物相关知识的科普宣传提供通俗易懂的科学依据。

本书由湖南省自然资源厅下达的“湖南省古生物化石保护”专项资金资助，由湖南省地质博物馆组织编写，刘立组织实施，童光辉执笔，全部作者均参与了野外调查、文献搜集与部分文稿撰写，编写工作同时得到了湖南省自然资源厅矿产资源保护监督处刘豪、叶庆华、刘强春、蒋五洲等的指导与帮助。由于作者水平有限，成书仓促，不足之处在所难免，恳请读者和同行专家批评指正。

目　录

第 1 章　湖南的寒武系地层 …………………………………………… 1

第 2 章　湖南的寒武系古生物研究历史 ……………………………… 3

第 3 章　湖南寒武系古生物研究进展 ………………………………… 5

3.1　节肢动物 …………………………………………………………… 6

3.2　鳃曳动物…………………………………………………………… 27

3.3　牙形石……………………………………………………………… 33

3.4　海绵动物…………………………………………………………… 37

3.5　生物礁……………………………………………………………… 38

参考文献 …………………………………………………………………… 39

第 1 章

湖南的寒武系地层

湖南的寒武系发育完整，除洞庭湖区和浏阳、平江、株洲、会同等地缺失或仅有零星出露外，其他地区出露广泛。从古地理环境、沉积类型和古生物化石来看，湖南的寒武系横向变化很大，可分为属华北区系的湘西北区、属东南区系江南型的湘中区和珠江型的湘南区以及介于华北区系和东南区系之间过渡型的武陵山过渡区，是研究我国寒武系地层极为重要的地区之一（图 1-1）。

湘西北区早寒武世由老到新沉积物为黑色页岩、粉砂岩、碎屑岩和碳酸盐岩，指示了从滞留静海相到浅海陆棚相的变化过程。中、晚寒武世海水咸化，沉积物以白云岩和白云质灰岩为主。

武陵山过渡区早寒武世分布范围较大，含武陵山区和八面山小区，沉积物以深海相炭质页岩、硅质岩为主；中、晚寒武世随着扬子海的东南向海进，该区逐渐退至武陵山区，沉积物以斜坡相的泥质条带灰岩、纹层状灰岩为主，夹白云质泥灰岩、白云岩；至晚寒武世晚期，随着扬子海的进一步海进，该区仅分布于武陵山东南坡。

湘中区寒武纪主要碎屑物源为东南方向的华夏古陆，以炭质页岩和含原生黄铁矿颗粒的薄层黑色灰岩为主，层理很薄，反映静水还原环境。本区寒武系依据岩石组合、岩相变化，可以进一步划分为泸溪—安化小区和洞口—双峰小区两个小区。二者以芷江—溆浦—涟源为界，其北部地层岩相与武陵山过渡区具有连续过渡关系，南侧则与湘南区具有亲缘性，越往南这种特征越明显。

湘南区早寒武世沉积物从老到新分别以砂岩、泥质岩和炭质页岩为主，反映了由粗到细的海侵旋回；中寒武世以层理发育的砂岩为主，指示了较浅的海水环境；晚寒武世砂岩中灰岩和白云岩夹层向上逐渐增加，表明海水由浅逐渐变深。

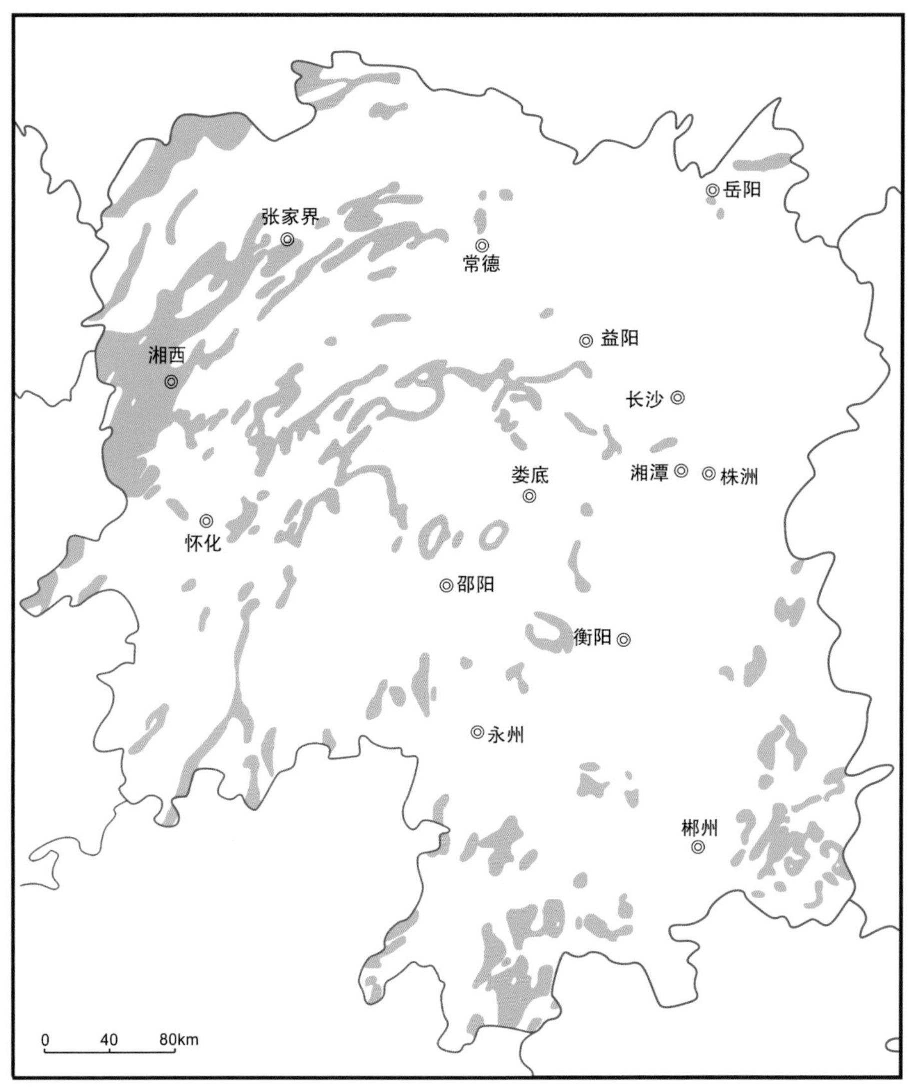

图 1-1　湖南寒武系露头分布

第 2 章

湖南的寒武系古生物研究历史

湘西地区历来是湖南寒武系研究的重点区域。早在 1940 年，田奇瓗就将黔东、湘西的铜仁、新晃等地的寒武系初步划分为ϵ_1、ϵ_2、ϵ_3、ϵ_4、ϵ_5、ϵ_6共 6 个地层单位，并在ϵ_6的下部采获 *Agnostus*, *Damella*, *Blackwelderia* 等。1944 年，刘国昌将新晃酒店塘的寒武系划分为 7 个地层单位[1]。新中国成立后，西南地质局汞矿地质队在寒武系的 7 个地层单位中，于ϵ_1中采获 *Redlichia*，ϵ_6中采获 *Ptychagnostus atavus*，ϵ_7中采获 *Psudagnostus* ap.，*Prochuangia granulosa*，*Eugonocare*（?）sp.，*Yuepingia niobiformis* 等，大致划分出湘西寒武系的上、中、下三统[2]。1963 年，叶戈洛娃等在研究贵州和湖南西部的三叶虫时，将湘西的寒武系划分为ϵ_1^1、ϵ_1^2、ϵ_1^3、ϵ_2^1、ϵ_2^2、ϵ_3^1、ϵ_3^2、ϵ_3^3共 8 个单位，为湘西黔东一带的寒武系划分对比提供了较详细的资料[3]。1966 年，林焕令等在对贵州松桃、铜仁和湖南泸溪开展寒武系系统调查时，依据三叶虫化石划分了寒武系的上、中、下三统[4]。1978 年，杨家禄依据对湘西和黔东三叶虫化石的研究结果划分了本区的寒武系中、上统[5]。湖南省区调队自 1960 年起陆续开展了吉首幅、永顺幅、桑植幅、大庸幅和芷江幅的 1∶20 万区域地质调查，系统查明了湘西地区寒武系的岩性和生物群特征，划分了地层分区并确立了各沉积区的地层系统[6]。

在湘中地区，1949 年王超翔与边效曾在调查资水流域地质时将湘中寒武系分为下部小烟溪黑色板岩、中部探溪灰岩和上部白水溪带状板岩(寒武—奥陶系)，将整合于小烟溪黑色板岩之下的留茶坡燧石层划为震旦—寒武系[7]。1964 年金玉琴等在白水溪带状板岩中采获早奥陶世的笔石[8]；湖南省区调队在探溪灰岩中采获三叶虫 *Ptychagnostus*, *Lejopyge*, *Centropleura* 等，随后在 1974 年修编中南地区区域地层表时重新划定湘中寒武系层序为下统小烟溪组、中统探溪组和上统米粮坡组与田家坪组[9]。

在湘南地区，不整合于泥盆系中、下统之下的一套浅变质碎屑岩过去统称“龙山系”。1959 年，黎盛斯在祁东炭山湾采获晚寒武世三叶虫 *Hedinaspis*，*Charchaiq*，*Homagnostus* 等[10]。1964 年修编湖南地层表时，将湘南地区晚寒武世地层称为炭山湾组[11]；湖南省区调队在湘南地区开展 1：20 万区域地质调查时又在东安大浪冲采获晚寒武世三叶虫 *Hedinaspis*，*Westergaadites*，*Onchonotina* 等。

第 3 章

湖南寒武系古生物研究进展

近年来，湖南寒武系古生物研究主要集中于花垣排吾、子腊剖面杷榔组的三叶虫，永顺王村剖面比条组磷酸盐化立体保存的甲壳纲磷足动物和鳃曳动物以及永顺王村、桃源瓦尔岗和花垣排碧三个剖面中上寒武统（芙蓉统）的牙形石，海绵动物和生物礁也有零星研究成果发表。

花垣地区杷榔组岩石地层单元可分为两部分：上部为浅灰色薄层钙质页岩、粉砂质页岩及黏土岩夹薄层或透镜状灰岩，产出的三叶虫以莱德利基虫和褶颊虫等底栖类型为主；下部为浅灰色、灰绿色、黄绿色页岩夹灰岩（图 3-1），产出的三叶虫以掘头虫类为主，个体小，营漂游生活，指示了较深水环境[12]。

图 3-1　杷榔组的黄绿色页岩

永顺王村剖面比条组灰岩之中产出丰富的奥斯坦型干群类甲壳动物、不同发育阶段的胚胎和古蠕虫碎片等化石[13-16]，其精美度可以与瑞典的标本相媲美，而数量则仅次于瑞典的标本，这使得王村剖面成为全球仅次于瑞典的奥斯坦型特异埋藏化石库。

3.1 节肢动物

节肢动物是身体分节、附肢也分节的动物，身体两侧对称，由一系列体节构成，可分为头、胸、腹三部分，或头部与胸部愈合为头胸部，或胸部与腹部愈合为躯干部，每一体节上有一对附肢。体外覆盖几丁质外骨骼，又称表皮或角质层。在相邻体节之间的关节膜上，角质层非常薄，易于附肢的关节屈折活动。节肢动物生长过程中要定期蜕皮。节肢动物生活环境极其广泛，是动物界最大的一门，可分5亚门：三叶虫亚门 Trilobitomorpha、螯肢亚门 Chelicerata、甲壳亚门 Crustacea、六足亚门 Hexapoda 与多足亚门 Myriapoda。湖南寒武系节肢动物研究主要集中在三叶虫和甲壳纲磷足目动物以及少量奇虾。

2009年，北京大学的张华侨与董熙平描述了产自湘西王村剖面中上寒武统花桥组和比条组的磷足目 Phosphatocopina 两个新物种：前刺西斯虫 *Vestrogothia anterispinata* sp. nov. 和双刺西斯虫 *Vestrogothia bispinata* sp. nov.，讨论了磷足目所有有效种之间的进化关系并应用分支分析法重建了磷足目的系统发育谱系[17]。

前刺西斯虫 *Vestrogothia anterispinata* sp. nov. 种名源自拉丁语 anter-（前部的）和 spinata（带刺的），意指背沟前端具有一根独特的长刺，新种鉴定特征为：壳体接近全满，壳长大于壳高，具背沟；背沟前端向前延伸出一根仰角约50度的长刺，背沟后端联接一三角形板；瓣壳光滑无纹饰，无瓣壳刺或边缘刺（图3-2）。

双刺西斯虫 *Vestrogothia bispinata* sp. nov. 种名源自拉丁语 bi-（双）和 spinata（带刺的），意指背沟的前端和后端均具有长刺，新种鉴定特征为：壳体接近全满，壳长大于壳高，具背沟；背沟前端延伸出一根向前向上的长刺，背沟后端延伸出一根向后向上的长刺；瓣壳光滑无纹饰，无瓣壳刺或边缘刺（图3-3）。

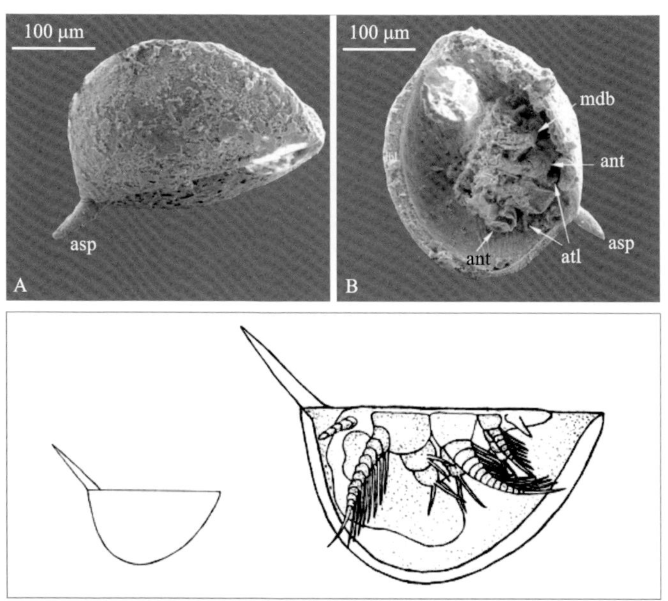

图 3-2 *Vestrogothia anterispinata* 正模标本(A, B)及复原图 C

(据 Zhang Huaqiao & Dong Xiping, 2009)

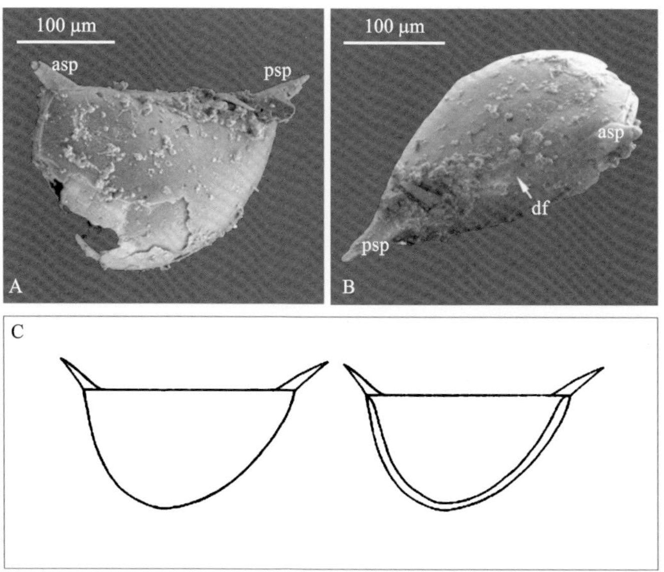

图 3-3 *Vestrogothia bispinata* 正模标本(A, B)及复原图 C

(据 Zhang Huaqiao & Dong Xiping, 2009)

2009 年，北京大学的刘政与董熙平基于在湘西永顺县王村剖面上寒武统比条组发现的保存有完好软体的具刺西斯虫 *Vestrogothia spinata* 标本(图 3-4)，重建了其个体发育的第一个生长阶段，利用颚部原肢的双肢特征，对具刺西斯虫的分类地位进行了修正并补充了其软体部分的鉴定特征[18]。

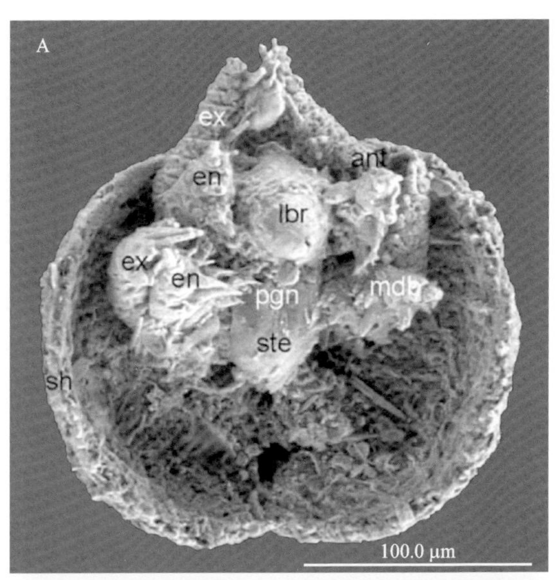

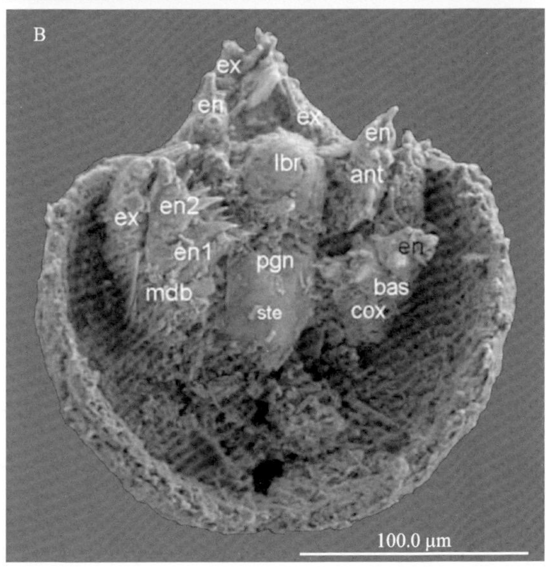

图 3-4　王村剖面比条组中产出的 *Vestrogothia spinata* 化石

(据 Liu Zheng & Dong Xiping, 2009)

2010 年，北京大学的张华侨等描述了产自湘西永顺县王村剖面上寒武统比条组的磷足目 Phosphatocopina 2 属 4 种：狭窄赫氏虫 *Hesslandona angustata*、意外赫氏虫 *Hesslandona necopina*、前刺西斯虫 *Vestrogothia anterispinata* 和双刺西斯虫 *Vestrogothia bispinata*[19]。狭窄赫氏虫 *Hesslandona angustata* 以前只在瑞典有发现，而前刺西斯虫 *Vestrogothia anterispinata* 和双刺西斯虫 *Vestrogothia bispinata* 目前为止只在华南有发现。它们的发现极大地丰富了华南鳞足目的多样性。

2011 年，北京大学张华侨等描述了湖南西部上寒武统发现的磷足目意外赫氏虫 *Hesslandona necopina* 和长刺赫氏虫 *Hesslandona longispinosa* 新组合，对 *Hesslandona necopina* 的个体发育阶段进行了修订，新定义了第二和第三个体发育阶段[20]。第二阶段的特征是颚部原肢由独立的基节和底节两部分组成，第三阶段的特征是颚部基节和底节的部分融合，这两部分可能在后期的个体发育阶段完全融合（图 3-5）。将长刺西斯虫 *Vestrogothia longispinosa*（Kozur，1974）重新置于赫氏虫属 *Hesslandona*，因为它存在一个背间和一个相对狭窄的腹边缘。

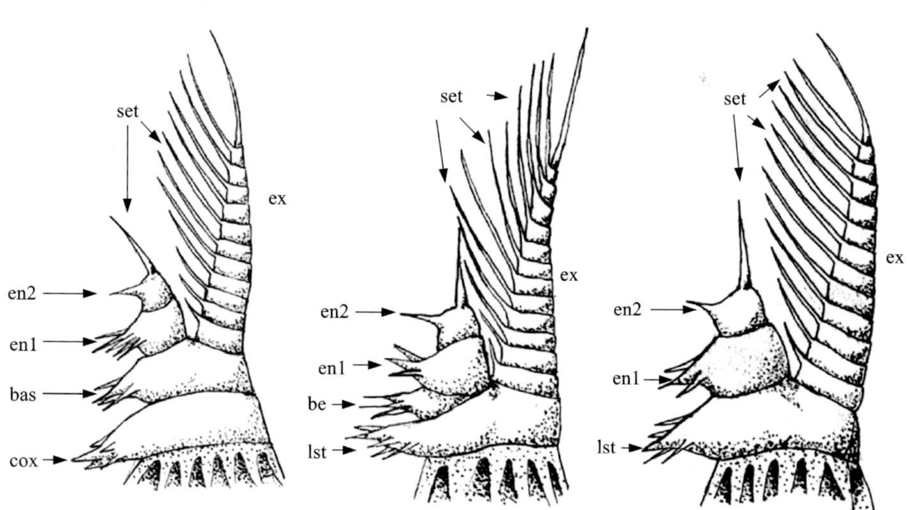

图 3-5　*Hesslandona necopina* 颚肢的不同发育阶段

（据 Zhang Huaqiao et al.，2011）

2011 年，北京大学张华侨等依据湘西永顺县王村剖面上寒武芙蓉统保存的具有软体细节的奥斯坦型新标本（图 3-6），重新描述了磷酸盐化保存的狭窄赫氏虫 *Hesslandona angustata*[21]。通过对磷足目的附肢进行形态学比较研究，在早期发育阶段，颚肢的两分裂应该存在于许多磷足虫类群中，并被视为磷足虫类群和真甲壳类的共同衍征。颚肢的两部分，即基节和底节，在所有已知的真甲壳类动物的后期发育阶段相互融合，形成一个不分节的肢干。在此基础上重新建立了甲壳纲的系统发育，并讨论了这一甲壳纲的进化过程。

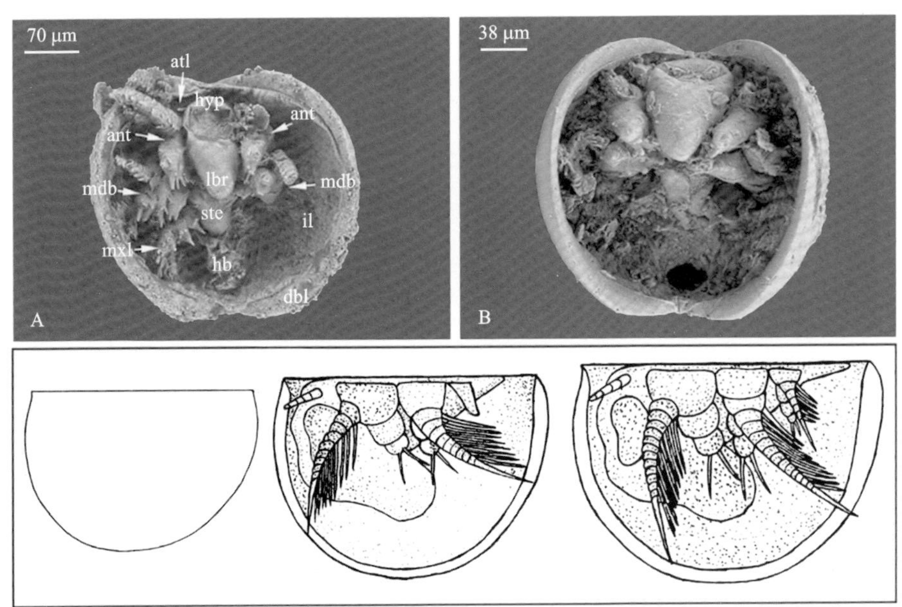

图 3-6　王村剖面比条组中的 *Hesslandona angustata* 化石（A，B）及其复原图 C

（据 Zhang Huaqiao et al.，2011）

2012 年，北京大学张华侨等报道描述了湘西永顺县王村剖面上寒武统比条组奥斯坦型保存的 3 只狭窄赫氏虫 *Hesslandona angustata* 幼虫，它们体型很小（约 300 μm 长），有 4 对功能附肢，大概代表了其个体发育的第一个阶段。与同一地点相同层位的具刺西斯虫 *Vestrogothia spinata* 的幼虫比较表明，这些幼虫的附肢设计完全相同。这些幼虫可以与其他个体发育阶段和其他地方的磷足虫作进一步的比较。本书以这两种甲壳类动物为代表，结合其他奥斯坦型干群甲壳类动物和冠群甲壳类动物的个体发育信息，对早期甲壳类动物进行了计算机分类分析，重建了甲壳纲动物的系统发育，给出了系统发育树中各节点的独有衍征[22]。

2013 年，中国科学院南京地质古生物研究所的刘青报道了花垣排吾乡寒武系杷榔组下部首次发现的奇虾附肢[23]。这些材料包括在大多数寒武系化石库中都有发现的奇虾未定种 *Anomalocaris* sp.，以及来自中国的第一个 F 型(Hurdia/Peytoia 型)的前缘附肢——皮托虫未定种 *Peytoia* sp. 相似于那斯特皮托虫 cf. *Peytoia nathorsti*(Walcott，1911)。这些新发现增加了我们对中国奇虾类多样性的认识(图 3-7)。

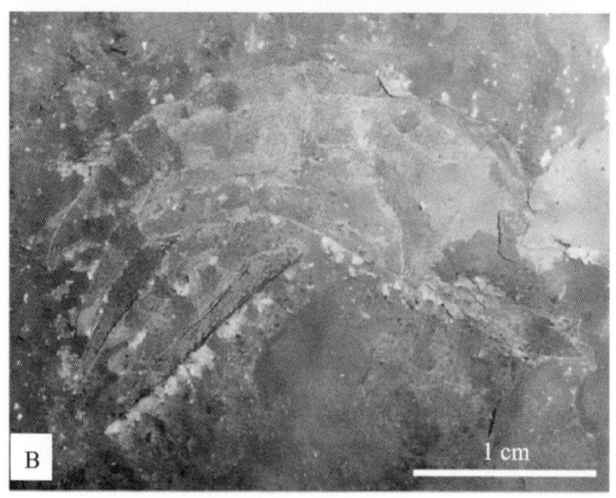

图 3-7　*Anomalocaris* sp. 附肢 A 与 *Peytoia* sp. cf. *Peytoia nathorsti* 附肢 B

(据 Liu Qing，2013)

2013 年，中国科学院南京地质古生物研究所的刘青与雷倩萍在湘西花垣县排吾村剖面寒武系杷榔组下部发现了一个保存完好的藻类、海绵、开腔骨、刺胞类、蠕虫、软体动物、腕足类、三叶虫和非矿化节肢动物构成的化石组合（图 3-8），这一发现扩展了中国寒武系伯尔吉斯页岩型化石库的分布[24]。

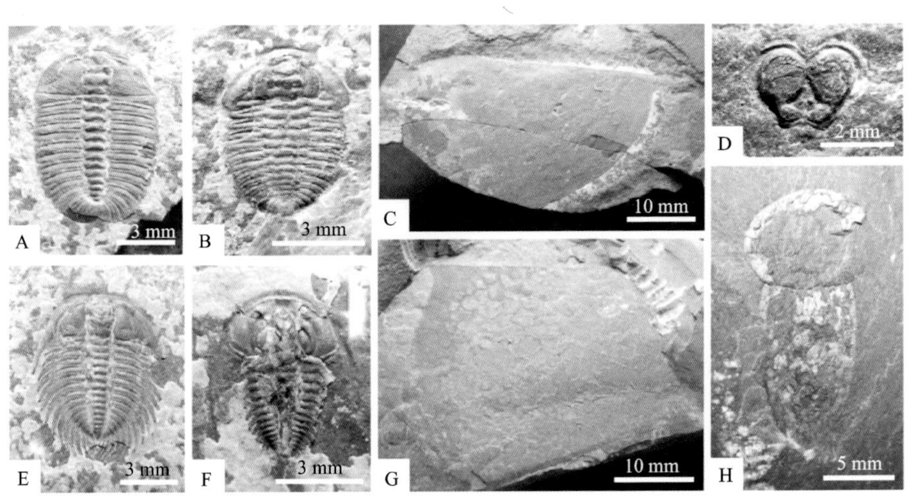

A. *Arthricocephalus chauveaui*; B. *Duyunaspis duyunensis*; C. *Isoxys* sp.; D. *Comptaluta* sp.;
E. *Changaspis elongate*; F. *Redlichia* sp.; G. *Tuzoia* sp.; H. *Naraoia* sp.

图 3-8 排吾剖面杷榔组节肢动物化石

（据 Liu Qing & Lei Qianping, 2013）

2014 年，中国科学院南京地质古生物研究所的雷倩萍与彭善池通过对花垣县排吾乡寒武系黔东统杷榔组所产都匀都匀盾壳虫 *Duyunaspis duyunensis* 种内形态变化的研究，认为该种存在较大的种内变异（如头鞍形状、鞍沟中部是否完全相连、胸节数目和尾后缘是否具缺刻等），同时表明以往描记的松桃都匀盾壳虫 *Duyunaspis songtaoensis*，古丈都匀盾壳虫 *Duyunaspis guzhangensis*，具刺都匀盾壳虫 *Duyunaspis briaris* 和光滑都匀盾壳虫 *Duyunaspis laevigatus* 4 个种，都是根据种内变异或保存差异建立的，应是模式种都匀都匀盾壳虫 *Duyunaspis duyunensis* 的晚出同物异名[25]。本次在都匀盾壳虫 *Duyunaspis* 的新材料中描述了一个产于湘西北的新种排吾都匀盾壳虫 *Duyunaspis paiwuensis* sp. nov.。

排吾都匀盾壳虫 *Duyunaspis paiwuensis* sp. nov. 种名源自新种材料的发现地湘西土家族苗族自治州排吾乡，新种鉴定特征为：背壳宽卵圆形，头盖横宽，两侧亚平行的头鞍窄且具 4 对较短的鞍沟，固定颊宽、眼叶末端宽度约为头鞍宽度的 0.7，眼叶向外斜伸、活动颊窄小，胸部 9 节末端尖，中轴细长、宽度窄于肋区，尾小、分 3 节及 1 末叶、末端具缺凹或无（图 3-9）。

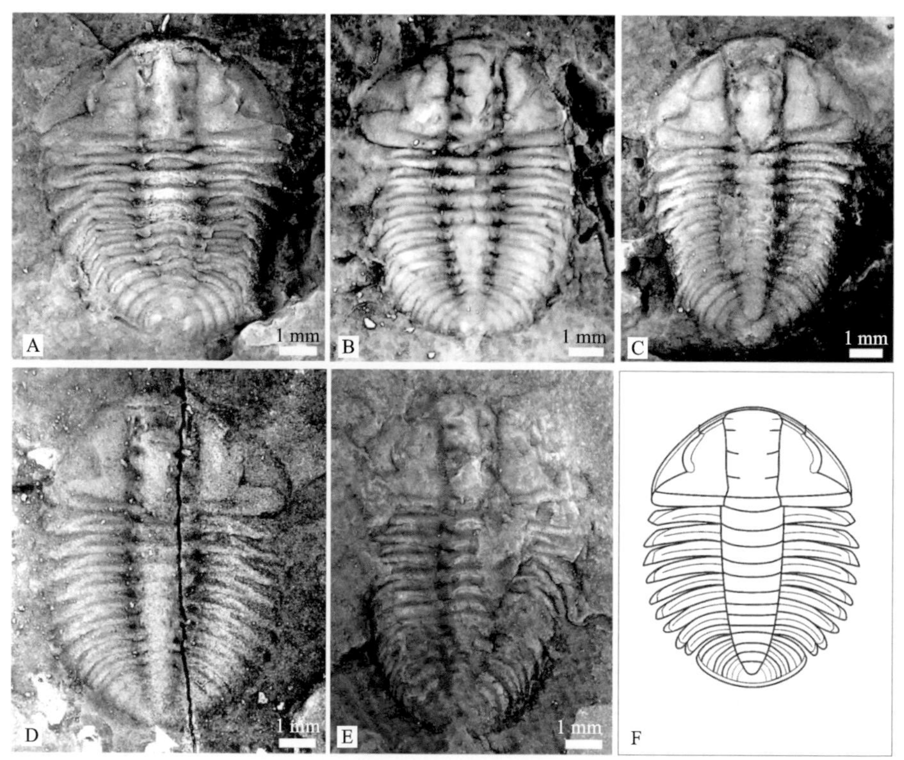

图 3-9　排吾都匀盾壳虫 *Duyunaspis paiwuensis* sp. nov.

正模标本 A，副模标本 B-E 与复原图 F

（据雷倩萍和彭善池，2014）

2014 年，中国科学院南京地质古生物研究所的张华侨等描述了永顺县王村剖面寒武系鼓山阶花桥组新发现的磷酸盐化立体保存的双瓣壳节肢动物微体化石网纹寒武长刺虫新属新种 *Cambrolongispina reticulate* gen. et sp. nov. 和光滑寒武长刺虫新属新种 *Cambrolongispina glabra* gen. et sp. nov.[26]。它们具有薄而柔韧的原始几丁质或几丁质钙质壳(350~517 μm 长)，壳体有一对中空的前背刺，网纹寒武长刺虫的刺长为 1/2 壳体长度至壳体等长，而光滑寒武长刺虫的刺长则大于壳体长度，网纹寒武长刺虫的刺体在后缘饰有纵向排列的锥形或刀片状细齿(图 3-10)。寒武长刺虫缺乏外边缘、瓣叶和瓣沟，这些都是典型高肌虫的鉴定特征。

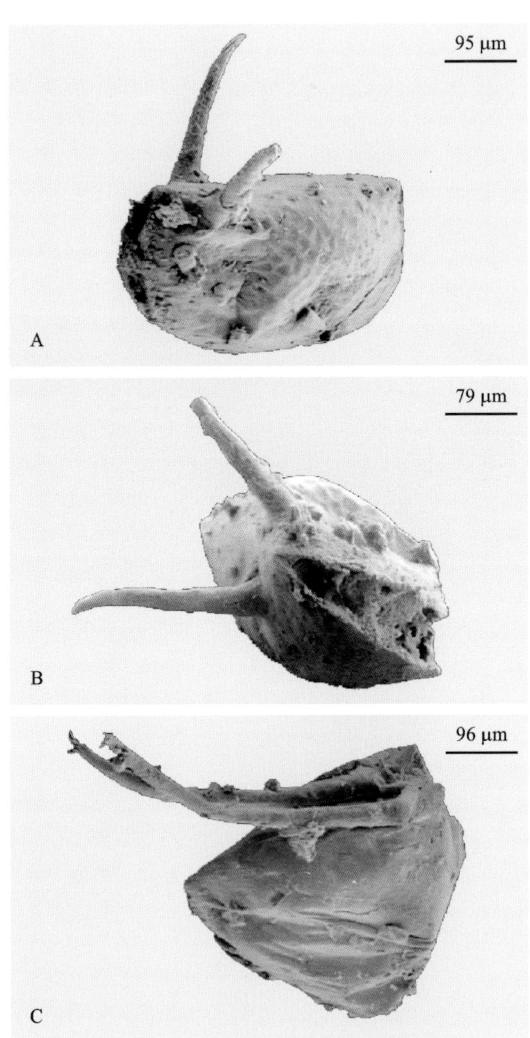

图 3-10 *Cambrolongispina reticulata* 正模标本 A，B 与 *Cambrolongispina glabra* 正模标本 C

(据 Zhang Huaqiao et al.，2014)

寒武长刺虫 *Cambrolongispina* gen. nov. 新属名来源于 Cambrian(寒武纪)和 long antero-dorsal spines(长的前背刺),新属鉴定特征为:双瓣壳节肢动物,左右瓣间具背沟,壳体轻微向前和向后弯曲,瓣壳表面无凹陷、裂、瘤点、沟或外边缘,一对长的前背刺位于眼叶位置,前背刺指向后背,后背刺和腹边缘缺失。

网纹寒武长刺虫 *Cambrolongispina reticulate* gen. et sp. nov. 种名来源于拉丁语"reticulatus",意指壳体表面的网状纹饰,新种鉴定特征为:前背刺长度为壳长的一半至与壳等长,沿着后缘饰有一排带圆锥形或叶片状小齿的刺,壳体表面具网状纹饰。

光滑寒武长刺虫 *Cambrolongispina glabra* gen. et sp. nov. 种名来源于拉丁语"glaber",意指光滑的壳体和光滑的前背刺,新种鉴定特征为:前背刺长为壳体长的 1.2~1.5 倍,背刺表面光滑,壳体表面光滑。

2014 年,中国科学院南京地质古生物研究所的彭善池等通过对桃源瓦尔岗剖面寒武系含美洲花球接子三叶虫层位的详细野外研究,揭示了美洲落塔球接子的首现点(FAD)在沈家湾组底界之上 29.65 m[27]。该层位与已知的洲际分布的多节类三叶虫尊贵赫定盾壳虫 *Hedinaspis regalis* 和诺林氏却尔却克虫 *Charchaqia norini* 的最低出现层位非常接近(图 3-11)。该剖面具有很强的潜力,可以作为全球标准层型剖面和暂定第 10 阶界线层型点的候选剖面。

2016 年,常州博物馆的雷倩萍基于花垣县排吾乡子腊村剖面寒武系杷榔组的丰富标本重新研究了都匀都匀盾壳虫的唇瓣形态与完整的个体发育过程(图 3-12),相对完整的个体发育序列(0 到 9 节)提供了新的证据,表明该物种的整体胸节有 9 个,而不是 Mc Namara 等人(2006)提出的 7 个胸节[28]。通过 *Duyunaspis duyunensis* 与两个伴生种 *Arthroicocephalus chauveaui* 和 *Changaspis elongata* 的比较,支持其在耸棒头虫亚科(Oryctocarinae)的分类位置。

2016 年,中国科学院南京地质古生物研究所的张华侨等报道描述了在湘

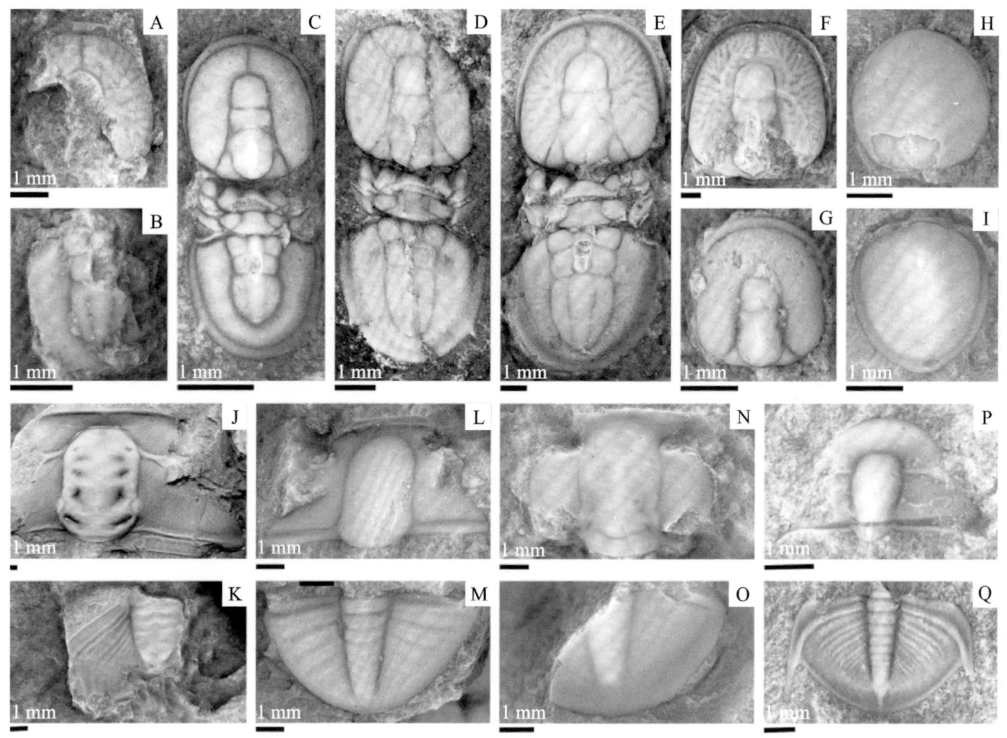

图 3-11　瓦尔岗剖面沈家湾组用于识别 *Lotagnostus americanus* 延限带底界的关键三叶虫物种

（经彭善池许可）

西王村剖面上寒武统比条组发现的一个立体保存的奥斯坦型微小幼虫，并将其解释为一冠群甲壳类的幼体阶段[29]。标本由具有突出的唇瓣的卵圆体和三对附肢组成（图 3-13）。总的来说，它与早先从其他奥斯坦型化石库中描述的 Type-A 幼虫在形态上具有相似性。这种新的标本可以被认为是一种 Type-A 幼虫的新类型，该化石在中国南方的发现指示了其广泛的分布。

2016 年，常州博物馆的雷倩萍报道描述了湘西花垣县排吾乡两个剖面的寒武系杷榔组泥页岩中采得的三叶虫两属两种：瘤刺双岛虫 *Dinesus bura*（图 3-14）和贵州东方褶颊虫 *Eosoptychoparis guizhouensis*，将双岛虫属 *Dinesus*

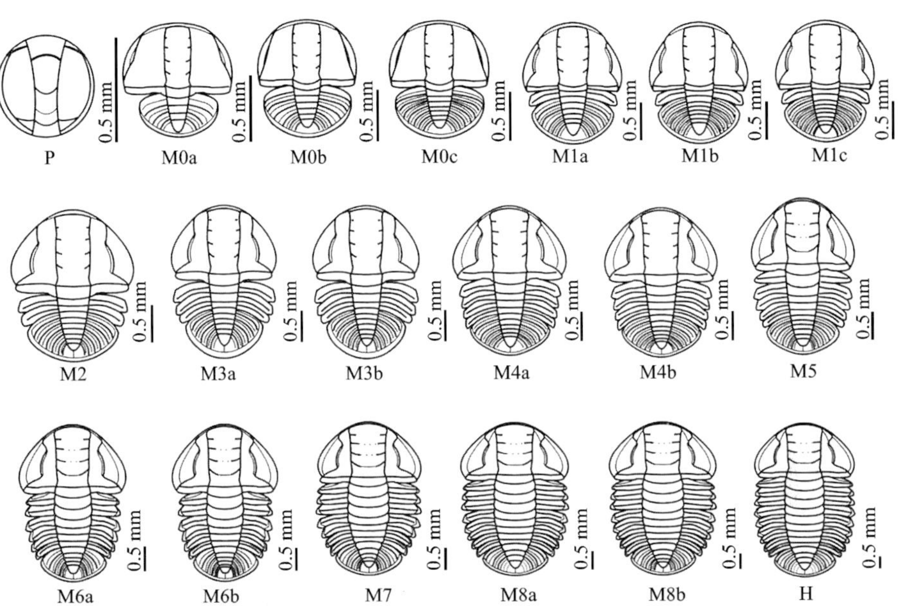

图 3-12 *Duyunaspis duyunensis* 个体发育重建

（据 Lei Qianping，2016）

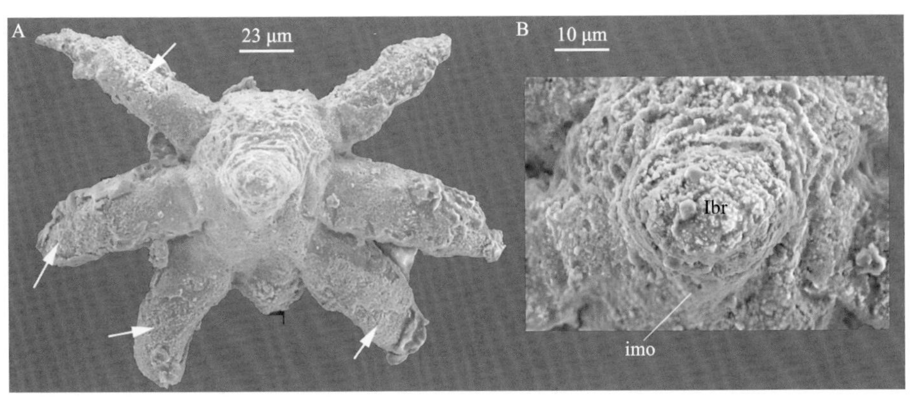

图 3-13 王村剖面比条组正无节幼体化石 A 及其上唇放大图 B

（据 Zhang Huaqiao et al.，2016）

在中国的地层延限下延至杷榔组(寒武系第二统第四阶)的中下部，更进一步丰富了寒武系江南斜坡带杷榔组三叶虫动物群的内容，扩大了这两属的地理分布范围及与其他地区的地层对比依据[30]。

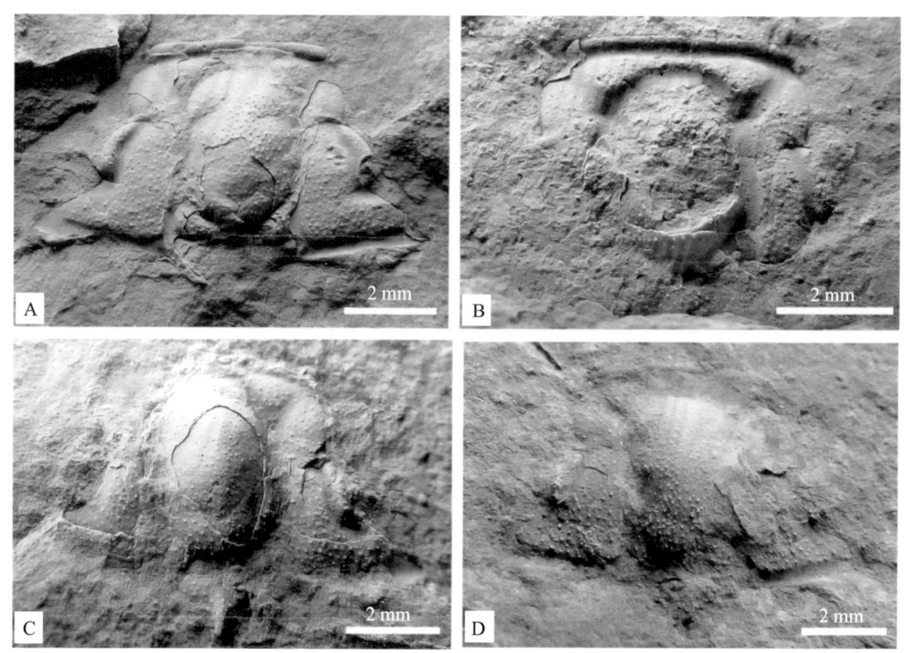

图 3-14　排吾乡西南剖面杷榔组中的 *Dinesus bura* 头盖化石

(据雷倩萍，2016)

2016 年，常州博物馆的雷倩萍研究了采自湘西花垣县子腊村剖面寒武系杷榔组的大量节头虫属 *Arthricocephalus* 三叶虫不同个体发育阶段的化石标本(图 3-15)，提出了对节头虫属 *Arthricocephalus* 的概念和异名问题的厘定更正：将过去认为的 *Arthricocephalus* 属中的绝大部分种归入小掘头虫属 *Oryctocarella*，而似节头虫属 *Arthricocephalites* 则是 *Arthricocephalus* 的晚出异名[31]。

2017 年，中国地质博物馆的刘政在详细介绍奥斯坦型化石概念、特征、研究史及重要意义的基础上，重点归纳了湘西奥斯坦型化石研究所取

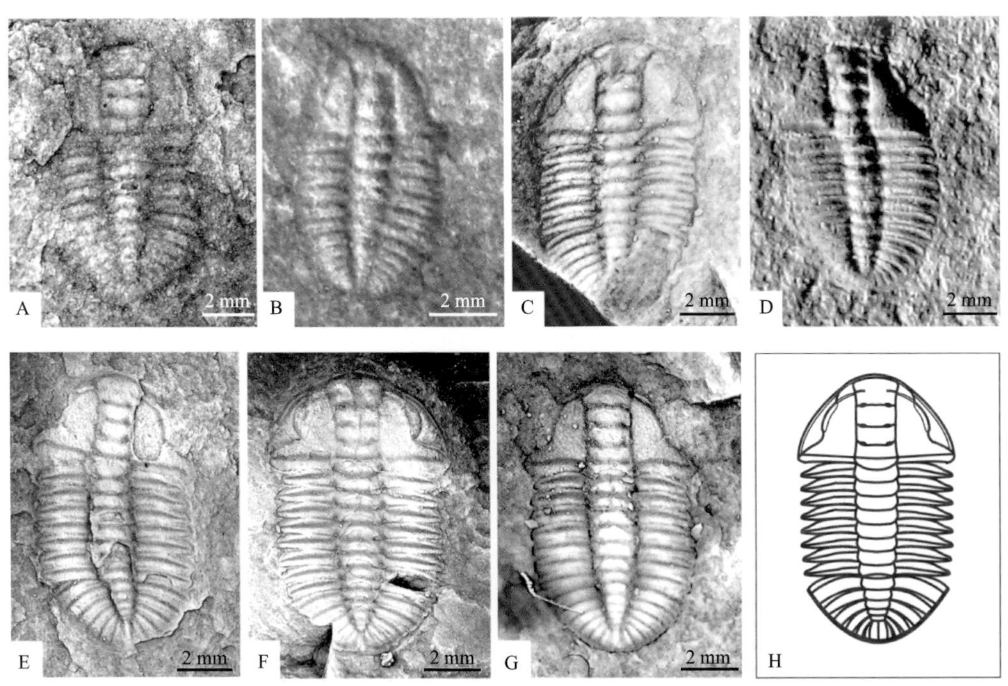

图 3-15 *Arthricocephalus chauveaui* 背视 A-G，背壳形态复原图 H

（据雷倩萍，2016）

得的进展：(1)描述湘西磷足类化石 6 个种；(2)描述湘西与磷足类同层位保存的真甲壳动物；(3)对磷足虫软躯体发育的研究，修订了 Maas 等(2003)的性状列表；(4)研究了甲壳动物附肢模式的早期演化；(5)发现具尾刺的古蠕虫 Type-A 幼虫标本[32]。并对湘西寒武系奥斯坦型化石研究的未来给予了展望。

2017 年，刘政与张华侨系统介绍了我国华南地区陕南张家沟剖面和川北新立剖面的幸运阶、滇北硝滩剖面下寒武统第三阶以及湘西王村剖面上寒武统排碧阶所产的奥斯坦型化石，包括甲壳动物磷足虫、最古老的真甲壳动物、最古老的环神经动物以及动吻动物(图 3-16)，这些化石在揭示甲壳动物、环神经动物及蜕皮动物的起源和早期演化方面具有十分重要的意义[33]。

其中湖南王村剖面是寒武系排碧阶的奥斯坦型化石国内发现最早，研究最多，内容最丰富的剖面，被誉为“王村化石库”。

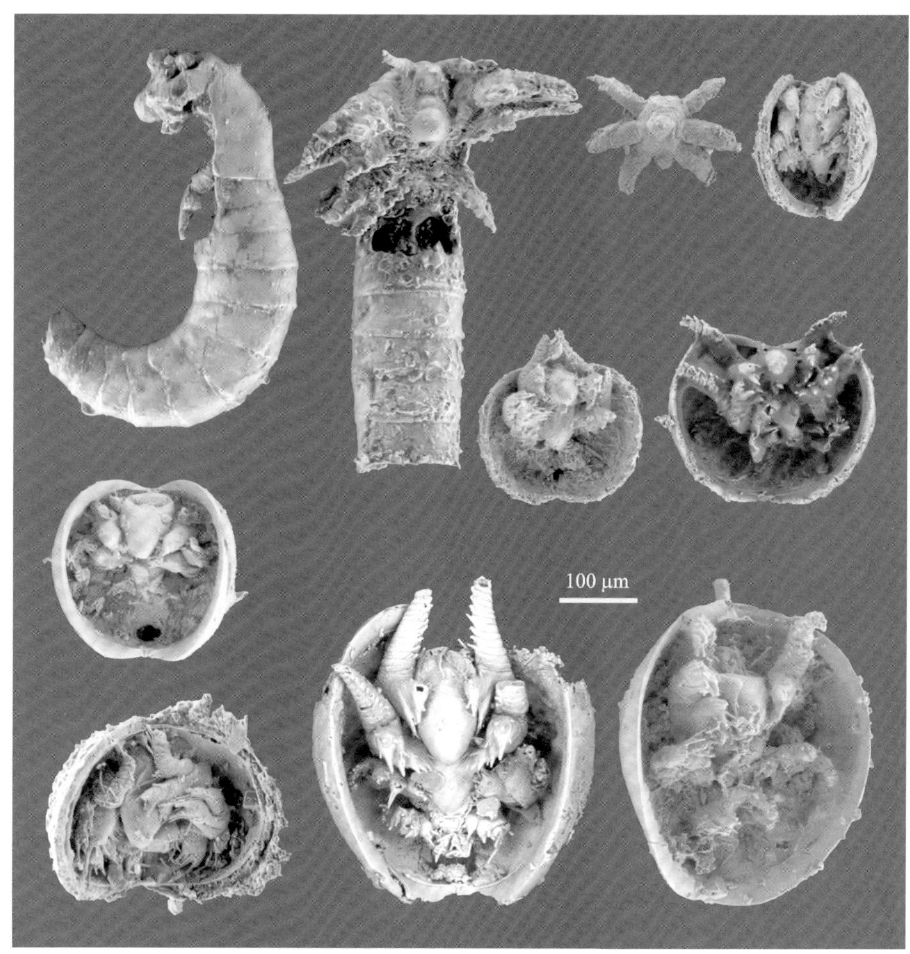

图 3-16　湘西王村剖面上寒武统奥斯坦型的甲壳动物

（据刘政与张华侨，2017）

2017 年，西北大学的代韬等对采自花垣县不林剖面寒武系第二统杷榔组下部大量掘头虫类三叶虫都匀都匀盾壳虫 *Duyunaspis duyunensis* 个体生长发育和躯干分节进行了详细研究，得益于良好的保存及完整的原甲期后个体发育系列(图 3-17)，从分节 0 期到成体阶段的发育过程被完整描述[34]。个体发育序列揭示了形态学变化的新信息，如面部缝合线后支的迁移（从前侧到后侧）和尾甲后内侧切迹的收缩。在一套很薄的地层中获得的大量完整标本，对于研究都匀都匀盾壳虫的形态发育和胚胎后生长以及与其他掘头虫类的比较意义重大。

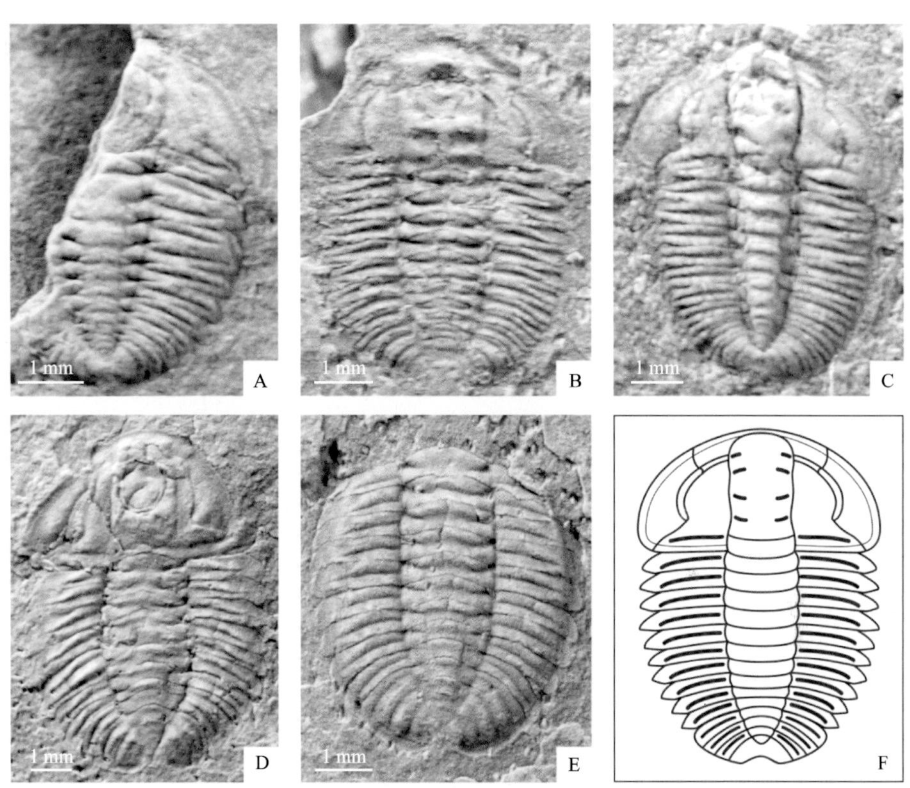

图 3-17 *Duyunaspis duyunensis* 分节期 9 期 A-E 及复原图 F

（经代韬许可）

2017 年，中国科学院南京地质古生物研究所的张华侨与肖书海报道了湘西王村剖面寒武系芙蓉统排碧阶比条组磷酸盐化立体保存的微小双壳节肢动物新材料[35]，包括 *Albrunnicola bengtsoni*、椭圆猛洞虫新属新种 *Mengdongella elliptica* gen. et sp. nov. 和一个属种不确定的磷足虫 *Phosphatopopine* gen. et sp. indet.。

椭圆猛洞虫 *Mengdongella elliptica* gen. et sp. nov. 属名源自王村剖面沿之展布的猛洞河，种名来源于 elliptic（椭圆的），意指壳体的椭圆形轮廓，新种鉴定特征为：具椭圆形壳体的双瓣壳节肢动物，壳体略接近全满；黏膜皱襞窄；背线呈拱形；瓣壳前背部位置具一对中空长刺，刺表面有规则排列的圆锥形或鳞片状结构（图 3-18）。

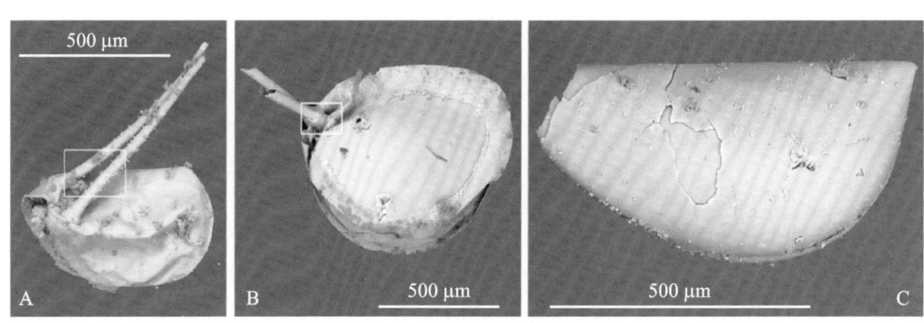

图 3-18　A，B 为 *Mengdongella elliptica*，其中 A 为正模标本，

C 为 *Phosphatopopine* gen. et sp. indet.

（据 Zhang Huaqiao & Xiao Shuhai，2017）

2018 年，中国科学院南京地质古生物研究所的彭善池等描述了在花垣县寒武系杷榔组中发现的一种新的掘头虫类三叶虫——排吾龙氏虫 *Longaspis paiwuensis* n. gen. n. sp.，丰富了杷榔生物群的属种构成，重新厘定了掘头虫科的分类，划分了 3 个亚科，排吾龙氏虫被归入掘冠虫亚科[36]。

排吾龙氏虫 *Longaspis paiwuensis* 属名源自 Long（采集并捐赠了几乎全部模式标本的 Long Zhengxian 与 Long Xiaohong 父子姓氏的汉语拼音）和希腊语 aspis（壳），种名来源于产地“排吾”。新种鉴定特征为：具前颊类面线的小尾型掘头虫，无颊刺，轴叶接近与肋叶等宽；胸甲与尾甲拉长，接近头长的 2.5~2.9 倍，无边缘刺；前边缘线状，头鞍向前略微逐渐变窄或在前端与前边缘平行截断；S0 狭缝状，由浅沟连接，颈沟浅且略向前倾斜，未延伸至边缘；S1，S2 狭缝状，未延伸至轴沟，S3，S4 卵圆形凹坑，未延伸至轴沟；无头鞍横沟；眼叶位于前方，眼脊狭窄，略倾斜；固定甲具有短而窄的眼前区、窄的眼睑区和宽的后部区；面线前支近平行于轴线，后支偏斜到近横向，在颊角前方与侧缘汇合；胸节多达 17 节，尾板无边缘，后边缘具宽的中缺切（图 3–19）。

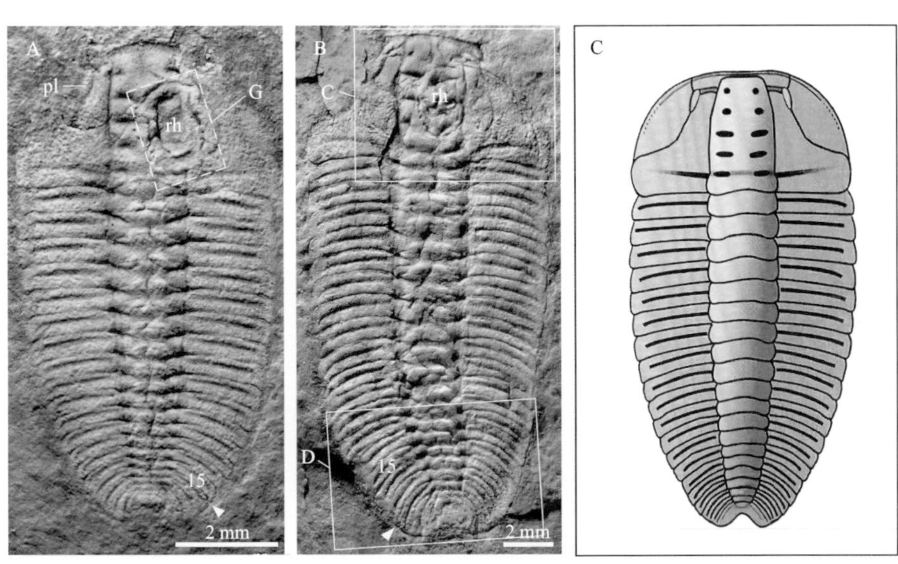

图 3–19　*Longaspis paiwuensis* 化石及复原图，B 为正模标本

（经彭善池许可）

2019 年，北京大学的 Liu Teng 等用同步辐射 X–射线断层扫描技术描述了来自湘西王村剖面寒武系一个奥斯坦型保存的磷酸盐甲壳纲动物内部软组织，将其鉴定为狭窄赫氏虫 *Hesslandona angustata*[37]。该标本的内部器官和组织在死后塌陷，在唇瓣内和胸骨角质层下形成一个内脏团，内脏团包含消化系统，包括消化道和可能的消化腺（图 3–20）。消化道从口腔开始，再到食道（前肠）和中肠，而后肠和肛门保存不完整。中肠旁两个双侧对称的球状结构可能是消化腺（中肠憩室）。内脏团还包含其他可能与神经组织和/或肌肉有关的结构。

2020 年，中国科学院南京地质古生物研究所的张华侨与咸晓峰报道了湘西永顺县王村剖面寒武系芙蓉统排碧阶新层位中磷酸盐化立体保存的微体

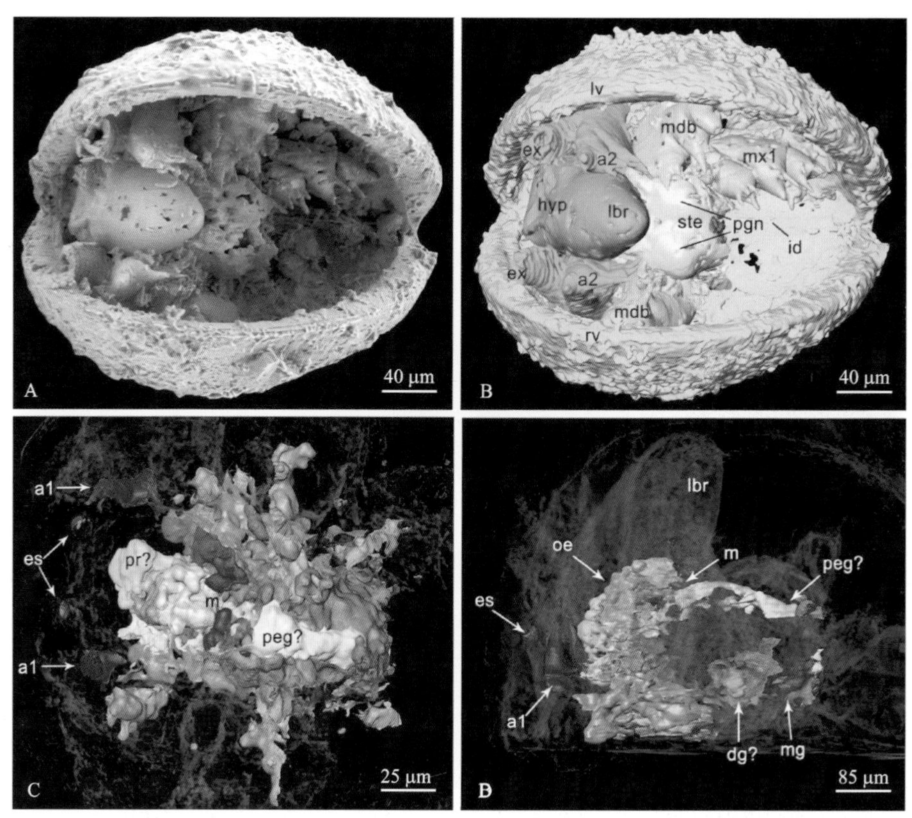

图 3-20 *Hesslandona angustata* 化石及内部组织 SRXTM 图像

（据 Liu Teng et al.，2019）

甲壳动物研究进展[38]，描述了磷足虫化石 1 个种（双刺西斯虫 *Vestrogothia bispinata*）和 2 个未定种（赫氏虫未定种 *Hesslandona* sp.，西斯虫未定种 *Vestrogothia* sp.）（图 3-21）。

2021 年，西北大学的代韬等从花垣县排吾村布林剖面寒武系杷榔组中采获大量而完整的都匀小掘冠虫 *Oryctocarella duyunensis* 个体发育标本，使得描述该种三叶虫所有的分节期发育阶段成为可能[39]。该研究观察到的标本中最大胸节数为 11 节，分节期的生长伴随着整体形态的逐渐变化，躯干同律分节，尾甲节数也随个体发育而变化（图 3-22）。

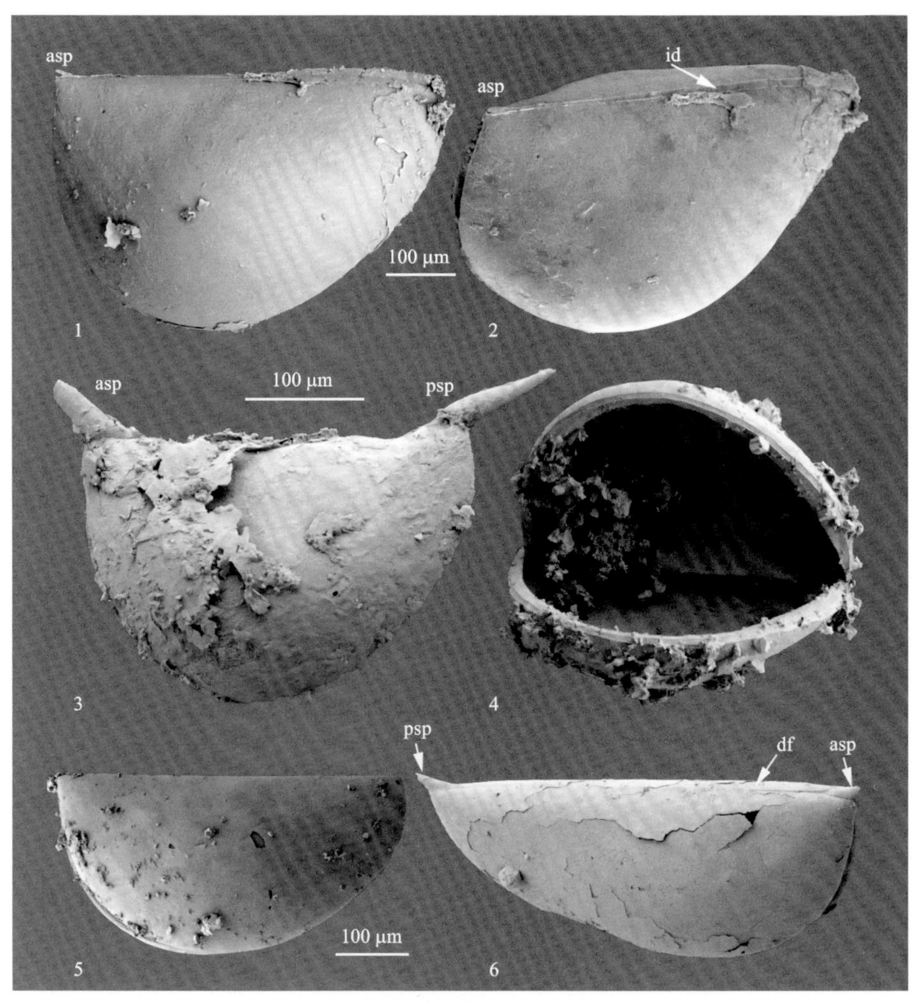

图 3-21 王村剖面的甲壳动物，1-2. *Hesslandona* sp.；3-4. *Vestrogothia bispinata*；5-6. *Vestrogothia* sp.

（据张华侨与咸晓峰，2020）

2021 年，西北大学的代韬等基于从花垣县不林剖面一套很薄的地层（约 5.14 亿年）中产出的大量标本开展都匀小掘冠虫 *Oryctocarella duyunensis* 个体发育研究，认为从分节 1 期开始，分节期代表连续的龄期，分节期生长一直持续到终末期，首次确定了三叶虫乃至整个寒武纪早期物种的生长模式[40]。

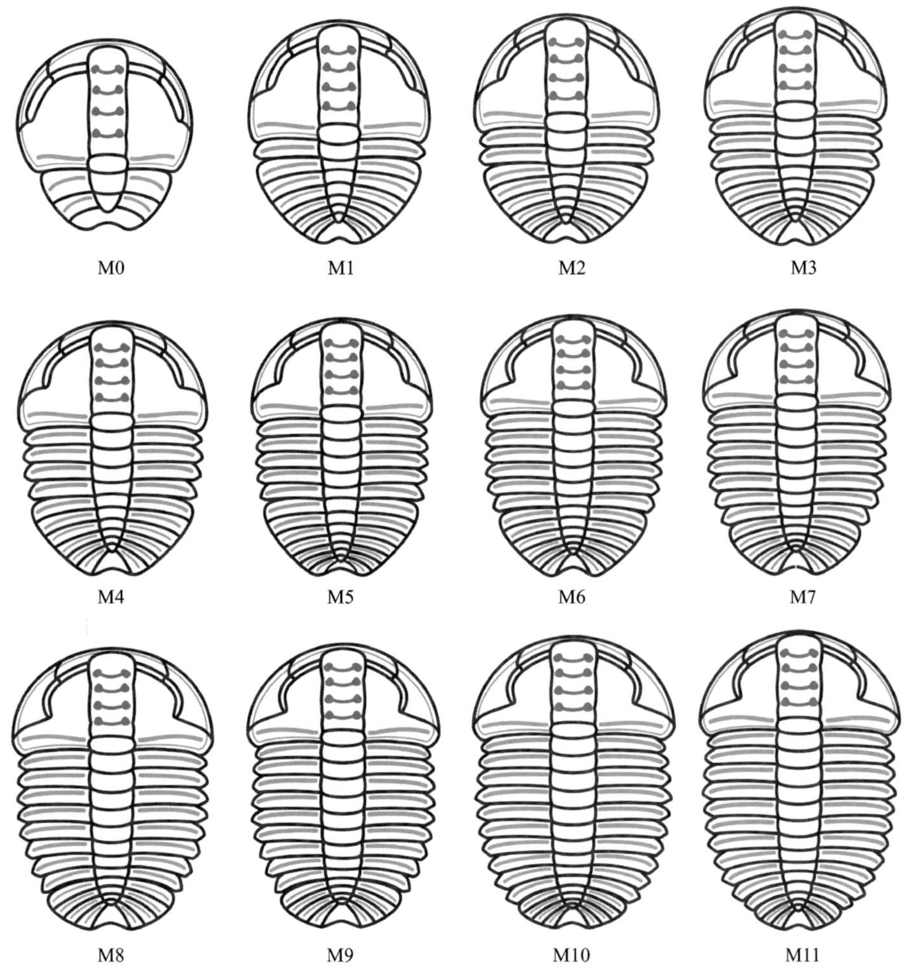

图 3-22 *Oryctocarella duyunensis* 分节期发育重建背视图

（经代韬许可）

三叶虫成虫期标本中包含三种类型的终末期，分别具有 9、10 或 11 个胸节。在分节期阶段，*Oryctocarella duyunensis* 的生长速度并非恒定。从该剖面化石标本中观察到的 *Oryctocarella duyunensis* 生长模式与其他两个地区同一物种的生长模式略有不同，反映了发育模式的微进化变化。

3.2 鳃曳动物

鳃曳动物呈蠕虫状，体长几毫米至200 mm，两侧对称，体圆柱形，不分节。典型的鳃曳动物大多可分为吻(翻吻)、躯干部(腹部)和尾(尾附器)三个部分，躯干部具许多假体环，常覆有小棘或瘤。鳃曳动物是中寒武纪海洋底栖生物的重要成员，是寒武纪海洋中占优势的无脊椎动物。

2009年，北京大学董熙平首次对湘西王村剖面中寒武统花桥组和上寒武统比条组灰岩中发现的保存完好的湖南马克尤利亚胚胎化石 *Markuelia hunanensis* 进行了详细的描述和解释(图 3-23)，以寒武纪晚期的胚胎为基础，建立了精美马克尤利亚新种 *Markuelia elegans* sp. nov.[15]。此外，还在上寒武统发现了一些可与埃迪卡拉统陡山沱组相媲美的动物休眠卵。寒武系最上层的一个胚胎卵膜已被黄铁矿所交代，黄铁矿晶体的过度生长呈现出一种独特的无机模式，董熙平称其为"假胚胎"。埋藏环境较深，还原条件较强，有利于马克尤利亚标本的保存。

Markuelia elegans 新种种名来源于拉丁文"elegans"(精美的)，修正后的鉴定特征为：呈卵裂期、器官发生期及胚后发育期的微型胚胎卵化石，直径240~470 μm，在胚后发育阶段，生物体没有棘刺的环节状躯体盘绕成一个球体，头部和尾部横向并列，头部位于胚胎卵植物极前侧，周围环绕着3~8排不等的棘刺，比尾部的棘刺数量更多但体积更小。尾部位于胚胎植物极的后侧，肛门开口处有三排左右排列的棘刺。

2010年，董熙平等又对马克尤利亚 *Markuelia* 的分类位置进行了讨论并描述了5个种，修正了 *Markuelia* 的属种归类[41]。*Markuelia* 在演化中的精确位置取决于其所包含的分类单元。由于不确定其究竟是动吻动物 *Scalidophoran* 还是干群鳃曳动物 Priapulid 的胚胎，故将 *Markuelia* 归为动吻动物干群，描述的5个物种有：塞昆达马克尤利亚 *Markuelia secunda*、湖南马克尤利亚 *Markuelia hunanensis*、劳里耶马克尤利亚 *Markuelia lauriei*、带刺马克尤利亚新种 *Markuelia spinulifera* sp. nov、瓦洛斯载凯马克尤利亚新种

Markuelia waloszeki sp. nov。

2011 年，北京大学的成功等利用同步辐射 X-射线层析显微技术对产自湘西永顺县王村剖面寒武系花桥组和比条组的湖南马克尤利亚化石内部结构进行了研究[42]。实验中，透明化和剥落显示环状体隐藏在绒毛膜下，切片和三维重建显示从口到肛门末端的完整消化道，向内倒的口形成了一个橄榄球腔。随后的消化道呈绳状盘绕，平行于体轴，长约 650 μm，直径均匀(约 80 μm)。绳状结构中间隐藏着一个保存完好的管状结构，直径 20~40 μm，长度约 120 μm。这种管状结构可能是肠道的表皮，而其周围可能是肌肉组织的残余，类似于鳃曳动物 Priapulans。连接体壁和消化道的两个对称的杆状结构被解释为可能的牵开肌。

2021 年，北京大学刘腾等人利用同步辐射 X-射线断层显微技术(SRXTM)对湘西王村剖面寒武系芙蓉统排碧阶比条组化石库的胚胎化石湖南马克尤利亚 *Markuelia hunanensis* 的研究，发现标本中保存了头部和尾部表皮下的栅栏状结构，对这些结构进行三维重建后，发现栅栏结构为环形，呈两侧对称状排列，将头部和尾部的栅栏结构分别解释为可能的咽部和尾刺基部的肌肉组织，对肌肉组织的研究表明 *Markuelia hunanensis* 最早的胚后阶段可能是一种小型底栖动物[43]。

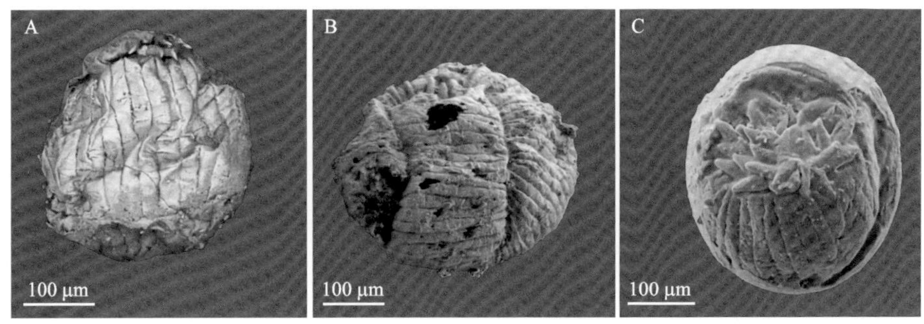

图 3-23　王村剖面比条组 *Markuelia hunanensis* 胚胎化石

(据 Dong Xiping, 2009)

2012 年，北京大学段佰川等人报道描述了湖南永顺县王村化石库上寒武芙蓉统地层中发现的古蠕虫外表皮立体保存片段，这些化石保存得非常好，表面细节非常细腻，显示出表皮的三层结构，包括装饰双刺蠕虫新属新种 *Dispinoscolex decorus* 和湖南吸血蠕虫新种 *Schistoscolex hunanensis*[44]。这些化石与湖南马克尤利亚 *Markuelia hunanensis* 化石共生，因此能够验证到目前为止仅从胚胎化石中所知的 *Markuelia* 是一个古蠕虫胚胎的假设。

Dispinoscolex decorus 属名来源于拉丁文成双的"di"，有刺的"spino"及希腊语蠕虫"scolex"的组合，种名源于拉丁文具饰的"decorus"。新属鉴定特征为：尾端有一对棘刺，环节间间距狭窄，表面有纹饰的骨板密集排列。新种鉴定特征同新属鉴定特征(图 3-24)。

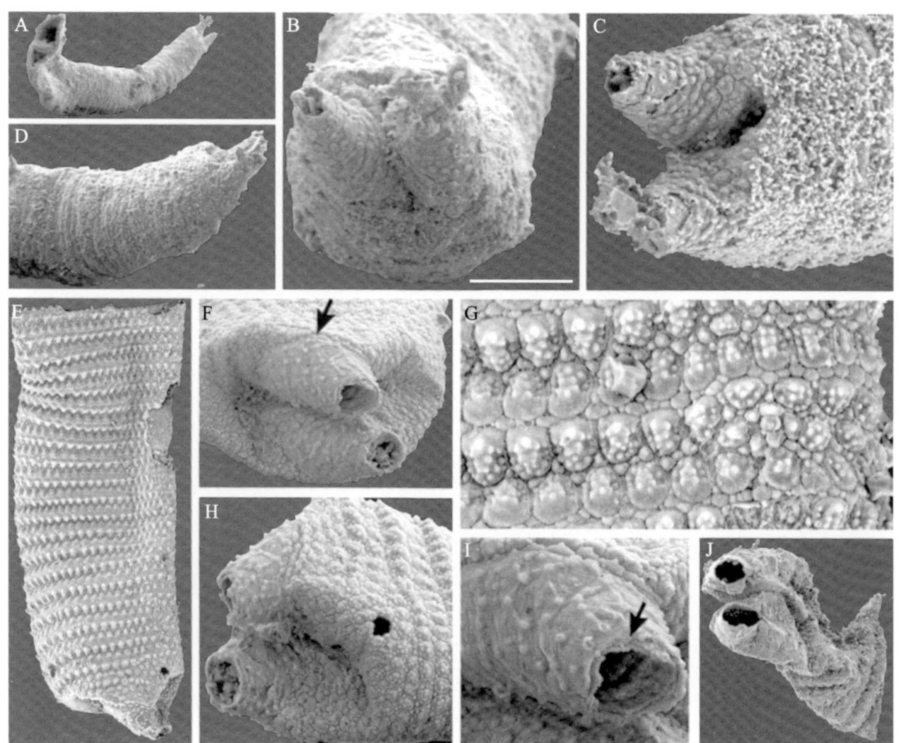

图 3-24　王村剖面比条组 *Dispinoscolex decorus* 化石，E 为正模标本

比例尺：A. 306 μm，B. 50 μm，C. 43 μm，D. 115 μm，E. 140 μm，F. 68 μm，G. 26 μm，H. 54 μm，I. 31 μm，J. 231 μm

(据 Duan Baichuan et al.，2012)

Schistoscolex hunanensis 种名来源于化石发现地湖南省“Hunan”。新种鉴定特征为：古蠕虫动物，头部有两对棘刺且腹侧的棘刺比背侧的大，环节间的间隔狭窄，覆盖有两排小密集的骨板，骨板上有突起的结节，结节边缘之间融合紧密(图 3-25)。

图 3-25　比条组王村剖面 *Schistoscolex hunanensis* 化石，A 为正模标本

比例尺：A. 124 μm，B. 52 μm，C. 75 μm，D. 50 μm

（据 Duan Baichuan et al.，2012）

2013 年，北京大学段佰川和董熙平报道了湖南湘西王村剖面芙蓉统立体保存的古蠕虫骨片碎片，描述两个新的形态属和两个新的形态种：*Hunanoscolex campus* 新属新种和 *Ornatoscolex hunanensis* 新属新种[45]。大部分标本属于幼体阶段。*Hunanoscolex campus* 体节宽度的巨大差异显示其处于生长发育阶段，因此可以对个体生长对表皮骨片形态的影响进行研究。虫体生长主要依靠增加单个体节中骨片的数量。位于同一排中的大骨板排列变得疏松。新增加的小骨板和微骨板大小和纹饰基本不变，但大骨板的纹饰可能存在变化。这些观察结果有助于更好地理解古蠕虫骨片的种内差异，从而可能提高形态种属分类的准确性。

Hunanoscolex campus 属名源于化石发现地湖南省“Hunan”，种名源于拉丁文“campus”（水平位置），意指平坦的中间环带区域。新属鉴定特征为：环节较宽，环上有排列的骨板。环节之间的间隔上也布满了小的骨板。带有圆形节点的板的装饰；可以存在中心节点。中间的环节宽而平坦，填充有呈梅花形排列的微型骨板，新种鉴定特征同新属鉴定特征（图 3-26 A）。

A 为 *Hunanoscolex campus* 正模标本，B 为 *Ornatoscolex hunanensis* 正模标本。

图 3-26　王村剖面比条组古蠕虫骨片化石

（据 Duan Baichuan & Dong Xiping，2013）

Ornatoscolex hunanensis 属名来源于拉丁文“ornata”（具纹饰的），种名来源于化石产地湖南省“Hunan”。新属鉴定特征为：环节和节间间距都很宽，

环节及节间间距均覆盖了不规则的微型骨板，覆盖的微型骨板上有6个小的结节(图3-26 B)。新种鉴定特征同新属鉴定特征。

2017年，长安大学刘云焕等人报道了湘西永顺县王村剖面排碧阶比条组磷酸盐化立体保存的微小环神经动物新材料，有明确归属于马克尤利亚 *Markuelia* 的化石胚胎，另外两种类型的化石胚胎以及三种古蠕虫，包括装饰双刺蠕虫 *Dispinoscolex decorus*，湖南吸血蠕虫 *Schistoscolex hunanensis* 和中华奥地利蠕虫 *Austroscolex sinensis* 新种[46]。这些古蠕虫片段的区别主要在环状躯干的大小和躯干上覆盖的骨片。

Austroscolex sinensis 种名源于希腊语"sin"(南方的)，意为从中国南方发现的 *Austroscolex* 新种。新种鉴定特征为：具有两排大小相等、分布稀疏的圆形骨板；环节较宽，环节表面是密集分布的微型骨板；中间带较狭窄，同样有密集的微型骨板(图3-27)。

图3-27　王村剖面比条组 *Austroscolex sinensis* 化石，2为正模标本

(据Liu Yunhuan et al.，2017)

3.3 牙形石

牙形石 Conodonts 是具有各种各样尖齿或锯齿状物的古代动物遗体，个体很小，从不足 0.1 mm 到约 4 mm。牙形石数量众多，特征明显，演化迅速，分布甚广，是地层的划分和对比的重要标准化石，因此也是微体古生物学的重要研究内容之一。

2017 年，北京大学董熙平和张华侨报道了湖南上寒武统至下奥陶统的牙形石，通过对湘西地区王村、瓦尔岗和排碧三个主要剖面中上寒武统(芙蓉统)花桥组至奥陶系最下层的潘家嘴组牙形刺化石的系统研究，共计描述牙形石 36 属 82 种，其中新建并描述了 6 个新属新种和 8 个新种[47]。它们分别是花桥组与车夫组产出的：巨大韦氏颚牙形石新种 *Westergaardodina gigantea*；独特韦氏颚牙形石新种 *Westergaardodina sola*；湖南莱芜颚牙形石新种 *Laiwugnathus hunanensis*；过渡莱芜颚牙形石新种 *Laiwugnathus transitans*；扁平原镞牙形石新种 *Prosagittodontus compressus*；比条组产出的：双形韦氏颚牙形石新种 *Westergaardodina dimorpha*；精美王村颚牙形刺新属新种 *Wangcunognathus elegans*；锥形王村鄂牙形刺新属新种 *Wangcunella conicus*；纤细土家颚牙形石新属新种 *Tujiagnathus gracilis*；王村弗里昔牙形石新种 *Furnishina wangcunensis*；以及产出在沈家湾组与潘家嘴组的：湖南卢氏颚牙形石新属新种 *Lugnathus hunanensis*；多锥苗颚牙形石新属新种 *Miaognathus multicostatus*；中间米勒牙形石新属新种 *Millerodontus intermedius*；湖南鞘角牙形石新种 *Coelocerodontus hunanensis*，还对部分牙形刺属的分类进行了修订。

Westergaardodina gigantea 的种名来源于拉丁文“gigantea”(巨大的)，新种鉴定特征为：个体较大、两侧对称、双枝型分子，前侧凸出后侧凹陷，且后侧比前侧小得多，两个齿突在底部融合，侧面突起大小相等，齿突的尖端稍稍向外从齿突的顶部开始，大的侧向开口围绕着基部并且暴露在基部

的前侧(图 3-28M)。

Westergaardodina sola 的种名来源于拉丁文“sola”(独特的),新种鉴定特征:独特外形的中型分子,后侧比前侧小且后侧有突出的凸起,两侧沿上缘融合因此只有一个齿轮突,基腔很大与侧腔相连(图 3-28N)。

Laiwugnathus hunanensis 的种名来源于化石发现地湖南省“Hunan”,新种鉴定特征为:锥型分子,轮廓呈三角形,前侧凸出后侧凹陷,中间有一条突出的龙脊,两侧沿着向上拱起的基部边缘融合(图 3-28H)。

Laiwugnathus transitans 的种名来源于拉丁文“transitans”(过渡的),新种鉴定特征为:主齿较大基部较小的锥型分子,前侧凸出后侧凹陷,中间具有突出的弧形龙脊,两侧沿着直的基部边缘融合(图 3-28L)。

Prosagittodontus compressus 的种名来源于拉丁文“compressus”(压缩的),新种鉴定特征为:一类有两个向下倾斜的侧向齿突,外侧被强烈挤压的原簇牙形石,第三个齿突演变成圆弧形的龙脊或模糊的凸起,基腔较大且深(图 3-28I)。

Westergaardodina dimorpha 种名来源于拉丁文“dimorpha”(二形的),新种鉴定特征为:小的、不对称的、双枝型分子,有左右两种形式,一个齿突比另一个齿突长得多,无基腔,侧腔非常小或没有侧腔(图 3-28K)。

Wangcunognathus elegans 属名来源于湖南省王村剖面“Wangcun”以及希腊语“gnathus”(颚);种名源于拉丁文“elegans”(精美的)。新属鉴定特征为:倾斜锥型分子,有一个短的后齿突,齿突上有尖的隆脊,齿突的前侧有两个从尖端延伸到基部的外侧隆脊,齿锥尖端后侧有一个尖的隆脊,基腔很深且基腔顶端高于后齿突的顶部(图 3-28J)。

Wangcunella conicus 属名来源于湖南省王村剖面“Wangcun”,种名源于拉丁文“conicus”(圆锥形)。新属鉴定特征为:齿锥和基部没有区别的锥型分子,基腔很浅,化石横截面为圆形(图 3-28G)。新种鉴定特征同新属鉴定特征。

Tujiagnathus gracilis 属名来源于湖南西部的少数民族土家族“Tujia”及希

腊语“ganthus”(颚)的组合，种名源于拉丁文“gracilis”(纤细的)。新属鉴定特征为细长的圆锥型分子，齿锥呈微小的钩状，后侧表面有许多微小的结节，基腔很深(图 3-28C)。新种鉴定特征同新属鉴定特征。

Furnishina wangcunensis 的种名来源于湖南省王村剖面“Wangcun”，新种鉴定特征为：细长的锥型分子，齿锥明显下弯，后部和外侧面的隆脊很尖锐，基腔很深(图 3-28F)。

Lugnathus hunanensis 的属名 *Lugnathus* 来源于中国科学院南京地质古生物研究所卢衍豪教授的姓氏“Lu”及希腊语“ganthus”(颚)的组合；种名 *hunanensis* 代表其产地湖南省“hunan”。新属鉴定特征为：被强烈挤压的大而不对称的锥型分子，单侧有隆脊，前后缘均没有隆脊，齿锥细长且末端很尖锐。基腔非常深，几乎延伸到齿锥的顶端，新种鉴定特征同新属鉴定特征(图 3-28B)。

Miaognathus multicostatus 属名来源于湖南西部的少数民族苗族“Miao”及希腊语颚“ganthus”的组合，种名来源于拉丁文“multicostatus”，表示复数条脊。新属鉴定特征为：被强烈的侧向挤压因而不对称的大形的锥型分子。基腔非常大且深，几乎延伸到齿锥顶端。后缘有隆脊，前缘无隆脊。每侧各有一至四个隆脊，除顶端外，化石横截面呈近三角形(图 3-28D)。新种鉴定特征同新属鉴定特征。

Millerodontus intermedius 属名由美国密苏里州州立大学詹姆斯 · F · 米勒教授的姓氏“Miller”和希腊语牙齿“odon”组成，种名来源于拉丁文中间的“intermedius”。新属鉴定特征为：两侧对称的前倾形锥型分子，化石横截面呈圆形，缺少隆脊和龙脊，基腔非常深，新种鉴定特征同新属鉴定特征(图 3-28E)。

Coelocerodontus hunanensis 种名 *hunanensis* 代表其产地湖南省“hunan”。新种鉴定特征为：长而前倾的锥型分子，化石壁薄，基腔非常深，后侧被严重挤压，前后缘均有龙脊。两侧或者单侧有隆脊，化石整体轮廓细长，具有很大的长宽比(图 3-28A)。

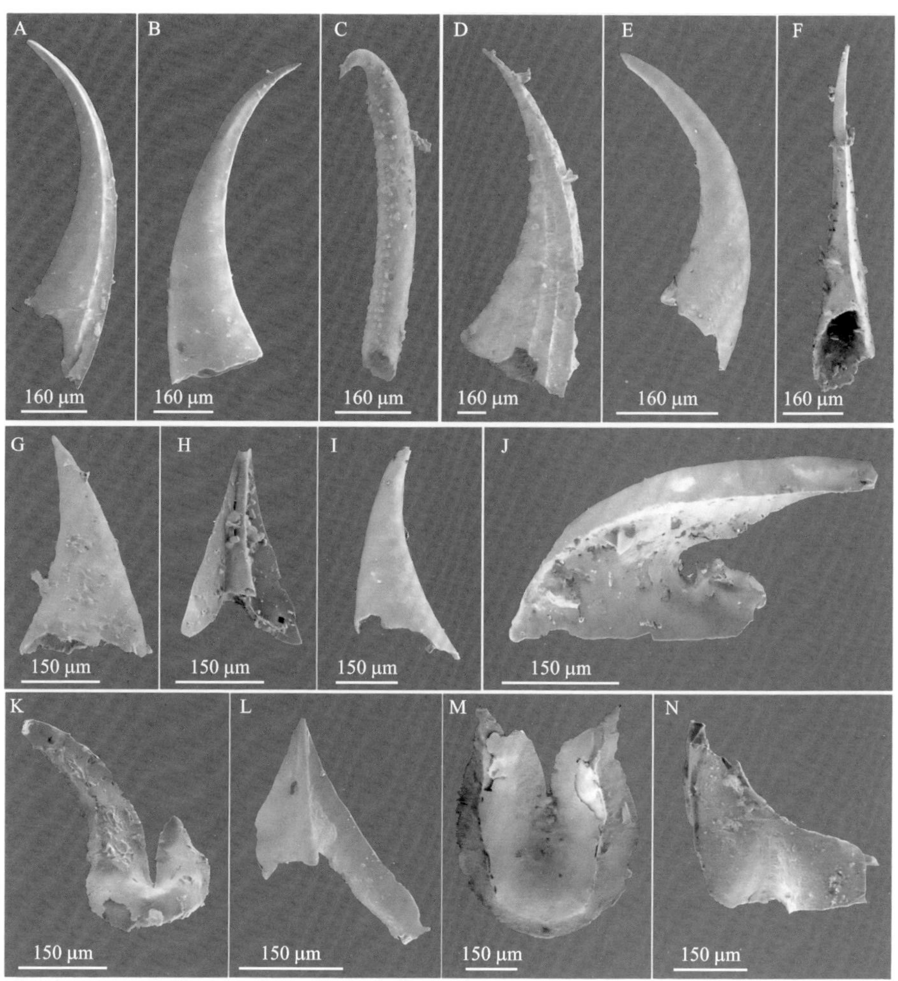

A. *Coelocerodontus hunanensis* 正模标本，B. *Lugnathus hunanensis* 正模标本，C. *Tujiagnathus gracilis* 正模标本，D. *Miaognathus multicostatus* 正模标本，E. *Millerodontus intermedius* 正模标本，F. *Furnishina wangcunensis* 正模标本，G. *Wangcunella conicus* 正模标本，H. *Laiwugnathus hunanensis* 正模标本，I. *Prosagittodontus compressus* 正模标本，J. *Wangcunognathus elegans* 正模标本，K. *Westergaardodina dimorpha* 正模标本，L. *Laiwugnathus transitans* 正模标本，M. *Westergaardodina gigantea* 正模化石，N. *Westergaardodina sola* 正模标本。

图 3-28　湘西地区牙形石化石

（据 Dong Xiping & Zhang Huaqiao，2017）

3.4 海绵动物

海绵动物又称多孔动物，是一门最低等的多细胞动物，身体由两层细胞围绕中央的一个空腔所组成，游离的一端有一个大的出水口使中央腔与外界相通。海绵动物有单体和群体之分，大小不一，小的几毫米，大者可达 2 m，单体外形变化大，有球形、树枝形、管形、瓶形或圆柱形。

2019 年，中国科学院南京地质古生物研究所 Luo Cui 与 Joachim Reitner 对张家界三岔等地寒武系牛蹄塘组底部磷矿中立体原位保存的海绵化石进行了研究，详细描述了其中两块标本[48]。一块是由至少三个大小层次不同的六射针组成，其中的小针状体可以解释为小骨针；另一块是使用研磨断层扫描技术研究的，显示了由五射针 pentactins，六射针 hexactins 和双射针 diactins 组成的骨骼框架(图 3-29)。

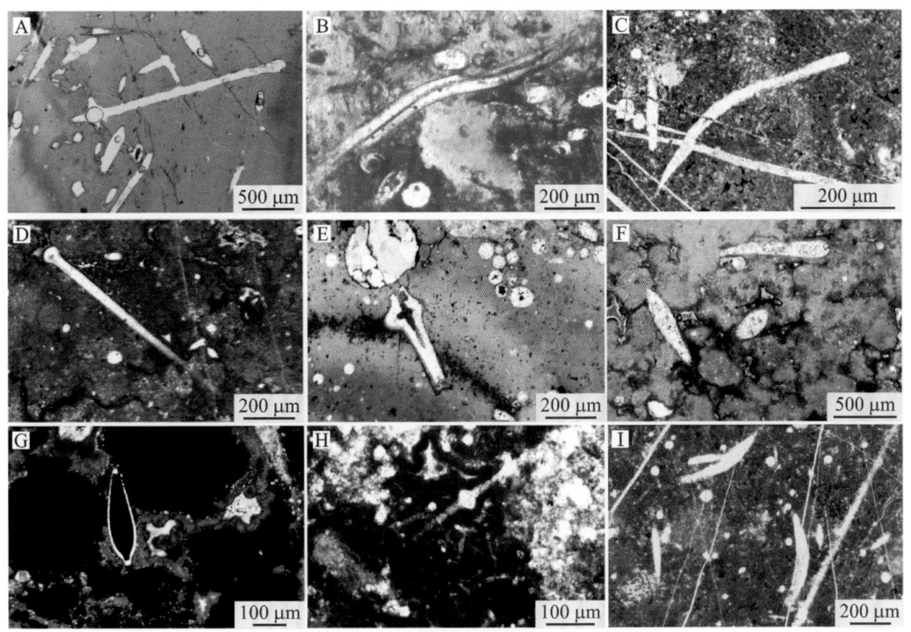

图 3-29 王村剖面杷榔组海绵骨针化石

(据 Luo Cui & Joachim Reitner，2019)

3.5 生物礁

生物礁是指由造礁生物组成的坚固的碳酸盐构造。因有能构成坚固支架的造礁生物在海底固着生长，这些生物具有抗浪作用，从而在波浪带筑起垂直幅度显著大于同期沉积的凸起构造。常见的造礁生物有珊瑚、层孔虫、苔藓虫、海绵、钙藻类，还会有一些附生生物如腕足类、软体动物、棘皮动物等。生物礁是与碳酸盐沉积有关的一种特殊环境，它主要出现于浅海碳酸盐沉积环境中。

2014 年，日本纳卢托大学 Natsuko Adachi 等人报道了湖南花垣县玉塘剖面下寒武统(图央阶上部—阿姆加阶下部)清虚洞组的大型礁体，单独礁体由包括钙微生物附肢藻 *Epiphyton*、科尔德藻 *Kordephyton*、葛万藻 *Girvanella*、海德藻 *Hedstroemia* 和肾形藻 *Renalcis* 形成，中上寒武统则形成小型叠层石礁[49]。因此，清虚洞组的生物礁被认为是早寒武世晚期含古杯礁之后发育最好的微生物礁(图 3-30)。从含古杯礁向纯微生物礁的转变是由后生动物多样性下降引起的，并伴随礁体数量的减少，这可能一定程度上与早寒武世晚期的海退有关。

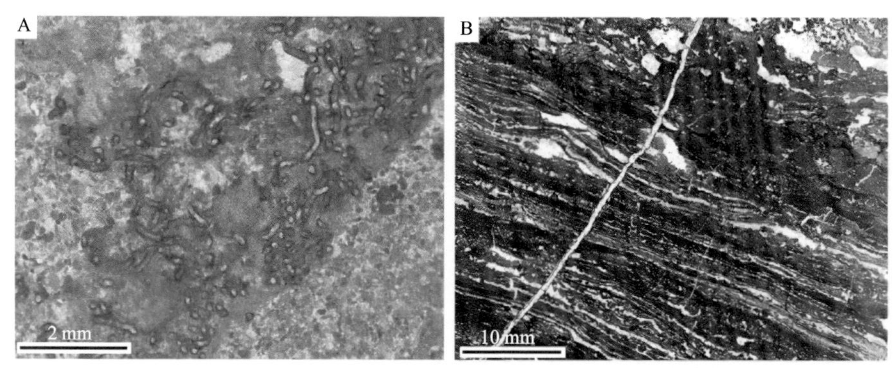

图 3-30　鱼塘剖面清虚洞组生物礁显微镜下图片

(据 Natsuko Adachi et al. , 2019)

参考文献

[1] 刘国昌. 湘西之造山运动及古地理［J］. 中国地质学会会志，1944：24.

[2] 四川省区域地层表编写组. 西南地区区域地层表(四川分册)［M］. 北京：地质出版社，1978.

[3] 叶戈洛娃，项礼文，李善姬，等. 贵州及湖南西部寒武纪三叶虫动物群［J］. 地质科学院专刊(乙种)地层学古生物学，1963. 3：1-3.

[4] 林焕令，王俊庚，刘义仁. 贵州松桃、铜仁及湖南泸溪一带寒武纪地层. 地层学杂志［J］，1966，1(1)：4-23.

[5] 杨家禄. 湘西、黔东中、上寒武统及三叶虫动物群［A］. 地层古生物论文集，1978(4)：1-82.

[6] 湖南省地质矿产局. 湖南省区域地质志［M］. 北京：地质出版社，1988.

[7] 王超翔，边效曾. 湘西资江中游前泥盆纪地层［J］. 中国地质学会会志，1949，29：1-4.

[8] 金玉琴，马国干，周天梅，等. 湘中奥陶系划分与对比的初步研究［R］. 地质部中南地质科学研究所，1964.

[9] 中南地区区域地层表编写小组. 中南地区区域地层表［M］. 北京：地质出版社，1974.

[10] 黎盛斯. 湖南“龙山系”时代及分层问题［J］. 地质论评，1959，7(7)：305-307.

[11] 余日升. 湖南省区域地层表(初稿)［R］. 湖南省地质局区域地质测量队，1964.

[12] 尹恭正. 贵州寒武纪地层的划分和对比. 贵州地质［J］，1996，13(2)：14.

[13] Dong Xiping, Philip C J Donoghue, Cheng Hong, et al. Fossil embryos from the Middle and Late Cambrian period of Hunan, south China[J]. Nature, 2004, 427 (6971): 237-240.

[14] Dong Xiping. Developmental sequence of Cambrian embryo *Markuelia*[J]. 科学通报, 2007, 52(7): 929-935.

[15] Dong Xiping. Cambrian Fossil Embryos from Western Hunan, South China [J]. Acta Geologica Sinica, 2010, 83(3): 429-439.

[16] Duan Baichuan, Dong Xiping, Philip C. J. Donoghue. New palaeoscolecid worms from the Furongian (upper Cambrian) of Hunan, South China: is *Markuelia* an embryonic palaeoscolecid? [J]. Palaeontology, 2012, 55(3): 613-622.

[17] Zhang Huaqiao, Dong Xiping. Two new species of *Vestrogothia* (Phosphatocopina, Crustacea) of Orsten-type preservation from the Upper Cambrian in western Hunan, South China[J]. Science in China Series D: Earth Sciences, 2009, 52(6): 784-796.

[18] Liu Zheng, Dong Xiping. *Vestrogothia spinata* (Phosphatocopina, Crustacea), Fossils of Orsten-type Preservation from the Upper Cambrian of Western Hunan, South China[J]. Acta Geologica Sinica, 2009, 83(3): 471-478.

[19] 张华侨, 刘政, 董熙平. 华南湘西上寒武统的 Phosphatocopida 目(甲壳纲)的四个种[J]. 中国科技论文在线, 2010, 9(3): 887-896.

[20] Zhang Huaqiao, Dong Xiping, Xiao Shuhai. Two Species of *Hesslandona* (Phosphatocopida, Crustacea) From the Upper Cambrian of Western Hunan, South China and the Phylogeny of Phosphatocopida[J]. Journal of Paleontology, 2011, 85(4): 770-788.

[21] Zhang Huaqiao, Dong Xiping, Maas Andreas. *Hesslandona angustata* (Phosphatocopida, Crustacea) from the Upper Cambrian of western Hunan, South China, with comments on phosphatocopid phylogeny [J]. Neues Jahrbuch für Geologie und Paläontologie-Abhandlungen, 2011, 259(2): 157-175.

[22] Zhang Huaqiao, Dong Xi ping, Xiao Shuhai. Three head-larvae of *Hesslandona angustata* (Phosphatocopida, Crustacea) from the Upper Cambrian of western Hunan, South China and the phylogeny of Crustacea[J]. Gondwana Research,

2012, 21(4): 1115-1127.

[23] Liu Qing. The first discovery of anomalocaridid appendages from the Balang Formation (Cambrian Series 2) in Hunan, China[J]. Alcheringa: An Australasian Journal of Palaeontology, 2013, 37(3): 338-343.

[24] Liu Qing, Lei Qianping. Discovery of an exceptionally preserved fossil assemblage in the Balang Formation (Cambrian Series 2, Stage 4) in Hunan, China[J]. Alcheringa: An Australasian Journal of Palaeontology, 2013, 37(2): 269-271.

[25] 雷倩萍, 彭善池. 湘西北地区寒武纪黔东世掘头虫类三叶虫 *Duyunaspis* 及其种内变异[J]. 古生物学报, 2014, 53(3): 352-362.

[26] Zhang Huaqiao, Dong Xiping, Xiao Shuhai. New Bivalved Arthropods from the Cambrian (Series 3, Drumian Stage) of Western Hunan, South China[J]. Acta Geologica Sinica (English Edition), 2014, 88(5): 1388-1396.

[27] Peng Shanchi, Loren Edward Babcock, Zhu Xuejian, et al. A potential GSSP for the base of the uppermost Cambrian stage, coinciding with the first appearance of *Lotagnostus americanus* at Wa'ergang, Hunan, China [J]. Gff, 2014, 136(1): 208-213.

[28] Lei Qianping. New ontogenetic information on *Duyunaspis duyunensis* Zhang & Qian in Zhou et al., 1977 (Trilobita, Corynexochida) from the Cambrian and its possible sexual dimorphism [J]. Alcheringa: An Australasian Journal of Palaeontology, 2015, 40(1): 12-23.

[29] Zhang Huaqiao, Dong Xiping, Dieter Waloszek, et al. Anorthonauplius of 'Orsten'-type preservation from the Upper Cambrian (Furongian) of South China [J]. Neues Jahrbuch für Geologie und Paläontologie-Abhandlungen, 2016, 279(2): 175-183.

[30] 雷倩萍. 湘西北寒武系黔东统杷榔组三叶虫的新材料[J]. 古生物学报, 2016, 55(1): 19-30.

[31] 雷倩萍. 湘西北寒武纪黔东世乔氏节头虫 *Arthricocephalus chauveaui* Bergeron 1899 的再研究[J]. 高校地质学报, 2016. 22(3): 494-501.

[32] 刘政. 华南奥斯坦(Orsten)型保存化石的研究进展及展望[J]. 地球学报, 2017, 38(2): 159-168.

[33] 刘政，张华侨. 华南寒武纪奥斯坦型化石研究进展[J]. 微体古生物学报，2017，34(1)：1-15.

[34] Dai Tao, Zhang Xingliang, Peng Shanchi, et al. Intraspecific variation of trunk segmentation in the oryctocephalid trilobite *Duyunaspis duyunensis* from the Cambrian (Stage 4, Series 2) of South China[J]. Lethaia, 2017, 50(4): 527-539.

[35] Zhang Huaqiao, Xiao Shuhai. Three-dimensionally phosphatized meiofaunal bivalved arthropods from the Upper Cambrian of Western Hunan, South China[J]. Neues Jahrbuch für Geologie und Paläontologie-Abhandlungen [J], 2017, 285(1): 39-52.

[36] Peng Shanchi, Loren E. Babcock, Zhu Xuejian, et al. A neworyctocephalid trilobite from the Balang Formation (Cambrian Stage 4) of northwestern Hunan, South China, with remarks on the classification of oryctocephalids [J]. Palaeoworld, 2018, 27(3): 322-333.

[37] Liu Teng, Duan Baichuan, Zhang Huaqiao, et al. Soft-tissue anatomy of an Orsten-type phosphatocopid crustacean from the Cambrian Furongian of China revealed by synchrotron radiation X-ray tomographic microscopy [J]. Neues Jahrbuch für Geologie und Paläontologie-Abhandlungen, 2019, 294(3): 263-274.

[38] 张华侨，咸晓峰. 湘西王村化石库寒武系芙蓉统甲壳动物 Phosphatocopida 的新材料[J]. 微体古生物学报，2020，37(2)：121-128.

[39] Dai Tao, Nigel C Hughes, Zhang Xingliang, et al. Development of the early Cambrian oryctocephalid trilobite *Oryctocarella duyunensis* from western Hunan, China[J]. Journal of Paleontology, 2021, 95(4): 777-792.

[40] Dai Tao, Nigel C Hughes, Zhang Xingliang, et al. Absolute axial growth and trunk segmentation in the early Cambrian trilobite *Oryctocarella duyunensis*[J]. Paleobiology, 2021, 47(3): 517-532.

[41] Dong Xiping, Stefan Bengtson, Neil J Gostling, et al. The anatomy, taphonomy, taxonomy and systematic affinity of *Markuelia*: Early Cambrian to Early Ordovician scalidophorans[J]. Palaeontology, 2010, 53(6): 1291-1314.

[42] Cheng Gong, Peng Fan, Duan Baichuan, et al. Internal Structure of Cambrian Fossil Embryo *Markuelia* Revealed in the Light of Synchrotron Radiation X-ray Tomographic Microscopy[J]. Acta Geologica Sinica (English Edition), 2011, 85(1): 81-90.

[43] 刘腾, 段佰川, 刘建波, 等. 寒武纪化石胚胎 *Markuelia* 的肌肉组织[J]. 北京大学学报: 自然科学版, 2021, 57(2): 390-394.

[44] Duan Baichuan, Dong Xiping, Philip C J Donoghue. New palaeoscolecid worms from the Furongian (upper Cambrian) of Hunan, South China: is Markuelia an embryonic palaeoscolecid? [J]. Palaeontology, 2012, 55(3): 613-622.

[45] Duan Baichuan, Dong Xiping. Furongian (Late Cambrian) Palaeoscolecid Cuticles from Hunan Province, South China: the Growth Impact on Worm Cuticle [J]. Acta Scientiarum Naturalium Universitatis Pekinensis, 2013, 49(4): 591-602.

[46] Liu Yunhuan, Wang Qi, Shao Tiequan, et al. New material of three-dimensionally phosphatized and microscopic cycloneuralians from the Cambrian Paibian Stage of South China[J]. Journal of Paleontology, 2017, 92(1): 87-98.

[47] Dong Xiping, Zhang Huaqiao. Middle Cambrian through lowermost Ordovician conodonts from Hunan, South China [J]. Journal of Paleontology, 2017, 91(S73): 1-89.

[48] Luo Cui, Joachim Reitner. Three-dimensionally preserved stem-group hexactinellid sponge fossils from lower Cambrian (Stage 2) phosphorites of China[J]. PalZ, 2019, 93(2): 187-194.

[49] Natsuko Adachi, Yoichi Ezaki, Liu Jianbo. The late early Cambrian microbial reefs immediately after the demise of archaeocyathan reefs, Hunan Province, South China[J]. Palaeogeography, Palaeoclimatology, Palaeoecology, 2014, 407: 45-55.